Introduction to
Data Science for Physics

物理のための
データ
サイエンス

Makoto Uemura
植村 誠 [著]

講談社

はじめに

　人工知能、という言葉をよく耳にする。プロにも勝てる囲碁ロボットの頭脳には深層学習というものが使われているそうだ。少し調べると機械学習やデータサイエンスという言葉があることを知る。どうやら自分が知らないデータ解析の手法が世の中にはたくさんあるらしい。自分の周りではそのような手法はあまり使われていないが、ひょっとしたら自分の仕事にも役に立つのではないか？　そう思って勉強するために教科書を買おうとする。しかし、様々なキーワードごとに教科書がたくさんあって、どれから手をつければいいのかわからない。そもそも、どの手法が自分のデータに合っているのかも、わからない。試しにひとつ中を覗いてみたら、見たことのない数式がいっぱい出てきて目眩がした。

　この本はそういう人のために作られました。

　読者としては物理系の人を想定していますが、本書に相対論や量子力学は登場しません。平均、分散、確率といった、高校までに習う基本的な統計用語の知識は前提にしています。ベクトルと行列、線形代数、フーリエ変換など、物理系の大学学部1、2年生で習う数学の知識があると読みやすいでしょう。

　本書は教科書というには数理的な厳密性に欠けます。基本的な手法の実践集、または、数物系の読み物、というあたりが本書を形容する正しい表現だと思います。そして、扱っている手法の幅の広さがウリのつもりです。紹介している手法は少なくとも十年以上前に提案されたものばかりですが、それらは最先端の手法を理解して使うための基礎となるでしょう。実践例は私の専門である天文学・宇宙物理学の題材が多いので、他分野の方には馴染みのない用語もあると思いますが、本質的な課題はきっと様々な分野に共通して

いるはずです。

　第1章では大学の理系学部で一通り習うであろう、データにモデルを当てはめるという作業に不可欠な統計学の基本を復習します。第2章ではより現代的な、複雑なモデルに特有の問題を紹介します。第3章では本書で扱う多くの手法の基盤となるベイズ統計の考え方を説明します。第1〜3章は導入部ですので、既によくご存知の方は読み飛ばせます。第4章以降では1つの手法ごとに1つの章を割り当てています。第4章はマルコフ連鎖モンテカルロ法、第5章は正則化とスパースモデリング、第6章は判別モデル、第7章はガウス過程、第8章はニューラルネットワーク、をそれぞれ扱います。第5章以降は最初に「その手法を使うと何が嬉しいのか」を述べ、次に基本的な数理を説明し、最後に実践例を紹介する構成になっています。

　また、様々な手法をすぐ試せるよう、簡単な Python プログラムを付録に載せています。本書で紹介する手法は実際に使ってこそ理解が深まるので、プログラムを動かしながら本書を読むのをお勧めします。Python プログラムを実行する環境が手元のパソコンにインストールされていなくても、インターネットブラウザからオンラインで実行できる Google Colaboratory などのサービスもあります。他言語を使いたい場合や、本書で紹介しているのに付録にはない手法を試したい場合は、手法の名前とプログラム言語の組み合わせでインターネットを検索すると、すぐ使えるパッケージやライブラリが見つかるでしょう。

　データから欲しい情報を抽出する新たな枠組み作りを最終目標としたとき、本書がそのきっかけとなれば幸いです。

データサイエンス、機械学習
……何が嬉しいの？

昔はよかった

　ティコ・ブラーエが遺した記録には数十年間にわたる天体の高精度な位置情報が含まれていました。彼の助手だったヨハネス・ケプラーはそのデータから、火星の動きは真円よりも楕円を使う方が精度良く表せること、太陽までの距離と速度の間に普遍的な関係があることを見出しました。さらに惑星の公転周期と太陽までの距離の関係も含めた、いわゆる「ケプラーの法則」は、アイザック・ニュートンによる万有引力の発見へと繋がっていきます。

　この一連の流れは科学の営みの典型例といえます。つまり、それまでになかったデータを得て、そこに含まれている規則性や特徴を見出し、そして、現象を支配している物理を明らかにする、という流れです。データを元に仮説を立て、それを数理的なモデルで表現し、そのモデルを新たなデータで検証する。これを繰り返して、科学は前進します。[1]

　火星の運動よりも簡単なデータとして、図 0.1 左を見てみましょう。ケプラーが火星の位置データに規則性を見出したように、あなたも縦軸 y と横軸 x の間に規則性を見出せるでしょうか？ これは簡単な問題で、一目見て右上がりの傾向、つまり、$y = \alpha + \beta x$ という直線で表せる関係に気がつくでしょう。

　あるいは、その関係は既によく知られている中で、ある人は「理論的に $\beta = 1.0$ であるはずだ」という仮説を主張し、別の人は「$\beta = 1.5$ だ」と主張している状況も考えられます。図 0.1 右はデータに直線モデルを当てはめて推定した直線の切片 α と傾き β の最適解 (×印) とその不定性を表しており、等高線が外にいくほどモデルはデータに合わなくなります (最も外側の等高線は 99.99％の信頼領域。詳しくは次節)。この図から $\beta = 1.5$ のモデル

1

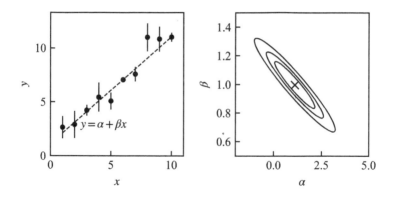

図 0.1 データからモデルを検証する単純な例

左：データ x と y の散布図。両者の間には直線 $y = \alpha + \beta x$ の関係があり、ある人は $\beta = 1.0$ と予想し、別の人は $\beta = 1.5$ と予想していた。右：データから推定した α と β の値 (× 印)。等高線は内側から $90, 95, 99.99\%$ の信頼水準を表している。この信頼領域から $\beta = 1.5$ の仮説は棄却できる。

は不適切と判断できます。

「直線ではなくて 2 次関数 $y = \alpha + \beta_1 x + \beta_2 x^2$ ではないか」と主張する人もいるかもしれません。その際は 2 次の係数について $\beta_2 = 0$ のモデルと $\beta_2 \neq 0$ のモデルのどちらがより良いモデルなのかを考えることになります。火星の運動が真円ではなく楕円だとケプラーが結論したのも、このようにデータからモデルを選択した結果といえます。

データは増えて、モデルは複雑になった

さて、ケプラーの時代から 400 年。データとモデルを扱う科学の営みは現在も変わりませんが、計算機の性能が向上したおかげで、私たちは大きなサイズのデータを扱えるようになりました。データのサイズには 2 つの方向があります。1 つは変数の数、つまり、図 0.1 では座標軸の数です。もう 1 つはサンプル数、つまり、図 0.1 左の黒丸の数です。

図 0.1 で直線モデルを使う場合、y を決める変数は x と切片の 2 つ、つまり 2 次元の問題です。一人の研究者が獲得する競争的資金の額を決める要因が知りたくて、研究室の教員数、学生数、論文数、部屋の広さ、男女比、留

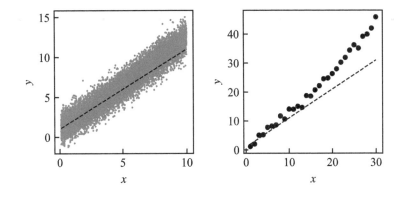

|図 0.2| データが増えてモデルが複雑になる例

左：図 0.1 と同様のデータだが、点数が 100 倍になった状況。右：データの密度は変わらないが、より広い x の範囲が測定できるようになった状況。いずれも x が大きい領域で直線モデル (点線) がデータ y の値を系統的に過小評価しており、x の 2 次の項など、新しい変数を含む、より複雑なモデルが要求される。

学生の人数、研究者の年齢、身長、体重、出身地、犬派か猫派か、などなど、情報を片っ端から集めてくれば、数十個の変数で資金の額を説明する、数十次元の問題になるでしょうか。とある病気の発現に関係する遺伝子を知りたいのなら、問題の次元は遺伝子の数、つまり数千から数万になります。犬の画像か冷蔵庫の画像かを機械に自動で判別させたいときは、問題の次元は画像の画素数、例えば 1000 ピクセル × 1000 ピクセル なら、100 万です。このように、目的とするデータを説明する変数の数が増えれば増えるほど、モデルは複雑になります。

　サンプル数の増加によっても、モデルは複雑になり得ます。図 0.2 の例では、サンプル数が増えた結果、直線モデルではデータを十分に説明できなくなります。そのとき、例えばモデルに 2 次曲線を使うと、直線モデルよりもパラメータが 1 つ多くなります。

　データが大規模で高次元になるのは科学にとって良いことです。よりたくさんの多種多様なデータが、これまで知らなかった新しい世界を私たちに見せてくれるかもしれません。しかし、データから科学的な知見を得る作業は、モデルが複雑になるとともに、ケプラーがブラーエのデータを調べたときよ

りも難しくなってきます。

データが増えて、嬉しいはずなのに

　データの次元が上がると、例えば図 0.1 左のように、散布図を「目で見て」データの中に潜んでいる構造を発見するのは難しくなります。3 次元の散布図は紙に描けますし、それ以上の次元数でも 2 次元の散布図を全ての変数の組み合わせで描けば、データの構造をある程度は目で認識できます。しかし、それも 10 次元を超えると困難でしょう。ケプラーが扱ったのは火星の位置と速度という 2 種類の時系列データでした。もしブラーエの記録にもっとたくさんの種類のデータが含まれていたら、そのうちのどの組み合わせが普遍的な量を導くのか、ケプラーといえどもわからなかったでしょう。

　高次元の問題では図 0.1 右のようにパラメータの不定性を知ることも難しくなります。図 0.1 右では横軸と縦軸をそれぞれ 100 分割し、縦横合わせて $100 \times 100 = 100^2$ 組の (α, β) に対して信頼水準を計算し、等高線を描いています。同じようにすると、3 次元だと 100^3 回、4 次元だと 100^4 回の計算を要します。1 回の計算に 10^{-4} 秒かかるとしても、10 次元の問題になると $100^{10} \times 10^{-4} = 10^{16}$ 秒 〜 3 億年かかります。諦めざるを得ない時間です。

　そもそも、たくさんの変数は果たして全て必要なのでしょうか？　先ほどは競争的資金の獲得額を決める変数の候補として研究者の体重や出身地といった、関係が薄そうなものも入れました。そういうのを入れるから無駄に次元が上がるのです。関係の薄そうな変数は最初から省いておけば次元が削減できます。でも、本当に関係がないと言い切れますか？　それまで知られていなかった新たな関係の発見こそ、研究の目的ではないでしょうか？　サンプルが少ないことやそれまでの思い込みを理由に、主観的に一部の変数を無視してしまうと、隠された意味のある変数を見逃してしまうかもしれません。人間が主観的に変数を選ぶのではなく、データが変数を客観的に選んでくれると良いのですが。

　データの洪水に溺れてしまって、せっかくの大量のデータを活かせないこともあります。超新星を発見するために観測者は銀河を撮影し、それを過去の画像と目で見比べて、新しい天体を探してきました (図 0.3)。しかし、最近では大量の銀河がロボット望遠鏡によって日々、自動的に観測されており、

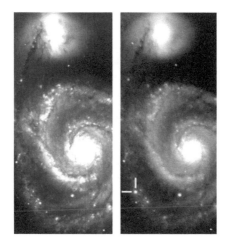

図 0.3 | **超新星 SN 2011dh の出現前の画像 (左) と出現後の画像 (右)**
このような画像をひとつひとつ目で見て超新星を発見してきたが、一晩のうちに大量の
銀河を観測できるようになると、人間を介さない自動的な判別システムが求められる
(画像は広島大学かなた望遠鏡で撮影)。

もはや人間が目で見て超新星の有無を判断する時間はありません。大量の画
像から超新星が写っているものだけを機械的に判別するシステムが必須です。
このように、最近の大型計測器によって、生成されるデータの量は桁違いに
大きくなり、計算機への入出力にも特別な工夫が求められるようになりまし
た。そのようなデータは「ビッグデータ」と呼ばれます。

科学の第 4 パラダイム

　以上、現代的な大きなデータに関係するいくつかの問題を列挙してきまし
た。このような問題に対しては統計学や情報学などの学問分野が取り組んで
きました。その研究の中で有名になったキーワードとして「機械学習」が挙げ
られます。この分野で扱われるニューラルネットワークと呼ばれる手法 (第
8 章参照) は最近、大きな飛躍を見せました。多層のニューラルネットワーク
である「深層学習」を使った囲碁ロボットがプロ棋士に勝利したのです。そ
れはある一面では人間の知能を超えたようにも思われ、「人工知能」の研究も

大きく進展します。

　2007 年、計算機科学者のジム・グレイは科学の歴史を表す 4 つのパラダイムを提唱しました。[2] パラダイムとは、その時代のものの見方や考え方の枠組みを意味する言葉です。科学の第 1 パラダイムは実験・計測を通して自然を記述する経験的な科学。ブラーエによる正確な天体位置の記録がこれに対応します。第 2 パラダイムは数理モデルを使う理論的な科学。ケプラーが惑星の運動に現象論的な法則性を発見し、それがニュートンの物理法則へとつながった流れは、第 2 パラダイムへの進化とみなせるでしょう。第 3 パラダイムは計算機の登場による数値計算科学で、数値シミュレーションが含まれます。

　そしてグレイは科学に新たなパラダイムシフトが起きているとして、その第 4 のパラダイムを "data exploration" や "data-intensive science" と呼びました。このパラダイムは大規模・高次元のデータを扱う科学研究の幅広い内容、つまり、巨大なデータの獲得、データベースを使ったその収集と蓄積、可視化、そして、モデルを通したデータの活用、などを含んでいます。

　「データサイエンス」というキーワードは統計学、情報学、応用数学などの幅広い分野を横断して、現実のデータから目的を達成するための方法を考える、という意味を含みます。データの大規模・高次元化に伴う問題に対しても、そのような分野横断的なアプローチは有効でしょう。グレイが提唱した第 4 パラダイムを「データサイエンス」と呼ぶ人もいます。

　さて、本章のタイトル「データサイエンス、機械学習……何が嬉しいの？」の答えを、私は「現代の大規模・高次元データから科学的な知見を抽出できる」と考えます。もし、読者の皆さんが扱う問題が、図 0.1 左のデータから図 0.1 右を導出するような問題ばかりなら、読書の時間はここでおしまいです。

　でも、本を閉じようとした、あなた。あなたは本当に大規模で高次元なデータも、複雑なモデルも、全く扱っていませんか？　深層学習のような数千万次元でなくても、十数次元の問題で既に高次元の問題は発生します。10 個程度のパラメータをもつモデルに対して、本当は図 0.1 右のように推定したパラメータの不定性を知りたいのに、計算時間がかかるからと諦めていませんか？　それなら第 4 章で扱うマルコフ連鎖モンテカルロ法が助けになるかもしれません。フーリエ変換を使ってパワースペクトルを推定するような解析

をしていませんか？　その問題はたくさんの周波数の振幅と位相を推定する高次元の問題です。パワースペクトルに現れる偽の信号に困っているなら、その問題は第5章で扱う正則化と関連します。画像データを目で見て判断する、というステップが研究活動の中にありませんか？　それは第6章や第8章で扱う機械判別を学べば自動化できるかもしれません。データはあるのに、それを説明するモデルの関数形がわからなくて研究が停滞していませんか？　第7章のガウス過程や第8章のニューラルネットワークがそのような状況を打破するヒントになるかもしれません。それらはデータ取得後の解析だけでなく、効率の良いデータ取得にも有用です。グレイのいう第1・第2世代の科学と比べて、私たちの手に入るデータは第3・第4世代になって質・量ともに飛躍的に向上しました。でも、データから情報を抽出する技術は第3世代か、下手をすると第2世代までに築かれたもので止まっていませんか？

　もし、自分に関係のある話だと思って頂けたら、先に進みましょう。このあとは第1章で最小二乗法や尤度、信頼区間などをおさらいしたあと、第2章では高次元の問題を扱う上での注意点を述べます。

推定と検定

1.1 データに最適なモデル：尤度、最尤推定、最小二乗法

線形回帰の問題

再度、前章の図 0.1 (p.2) を見てください。x と y の間に

$$y = \alpha + \beta x \tag{1.1}$$

という関係を考えます。切片項である α と x の係数である β の 2 つのモデルパラメータをデータから推定するための知識を本節で概観します。

このような問題は**回帰** (regression) の問題と呼ばれ、x は**説明変数** (explanatory variable)、y は**目的変数** (objective variable)、と呼ばれます。説明変数は独立変数、目的変数は応答変数、従属変数、被説明変数とも呼ばれます。目的変数はデータとして得られる測定量です。説明変数もデータであることが多いですが、いずれにせよ既知の量です。機械学習の文脈で回帰と並ぶ別の主要な問題は**分類** (classification) や**判別** (discrimination) の問題です。本書で扱う題材のほとんどが回帰の問題ですが、第 6 章と第 8 章では分類や判別の問題も扱います。

式 (1.1) にはパラメータが 2 つしかありません。説明変数がもっとたくさんある高次元の状況に対応できるよう、式 (1.1) を一般化して、K 個の説明変数の線形結合で目的変数が得られる形、

$$f(\boldsymbol{x}) = \beta_1 x_1 + \beta_2 x_2 + \cdots + \beta_K x_K \tag{1.2}$$

を考えます。ここで $\boldsymbol{x}$ は $x_1, x_2, \cdots, x_K$ を要素にもつベクトルです。

このような関数 $f(\boldsymbol{x})$ をデータ $\boldsymbol{y}$ に当てはめる問題は**線形回帰** (linear regression) の問題と呼ばれます。物理の第一原理から予想されるモデルは線形にならないことが多いですが、線形モデルは案外応用範囲も広く、役に立ちます。例えば、式 (1.1) には切片項がありますが、式 (1.2) には見当たりません。しかし、いずれかの説明変数を定数に、例えば $x_1 = 1$ とすれば右辺第 1 項で切片項が表現できます。もう少し複雑なモデルとして x の 2 次曲線を当てはめたければ、$x_1 = 1$、$x_2 = x$、$x_3 = x^2$ として β_1、β_2、β_3 を推定します。もちろん、もっと高次の多項式を当てはめる問題も同様に線形の問題として書けます。また、$f(\boldsymbol{x}) = x_1^{\beta_1} x_2^{\beta_2} / x_3^{\beta_3}$ のような変数のベキ乗と掛け算・割り算で表される関数でも、対数スケールに変換すれば線形の問題 $\log f(\boldsymbol{x}) = \beta_1 \log x_1 + \beta_2 \log x_2 - \beta_3 \log x_3$ として扱えます。指数関数の場合も同様です。

確率分布で表す統計モデル

さて、目的変数の測定値は $f(\boldsymbol{x})$ そのものでしょうか？ $f(\boldsymbol{x})$ はデータが生成されるプロセスを全て記述しているでしょうか？ いいえ、私たちが扱うデータには必ずといって良いほど測定誤差が $f(\boldsymbol{x})$ に加わります。つまり、誤差を e として以下のように y が生成される、と考えます。

$$y = f(\boldsymbol{x}) + e = \beta_1 x_1 + \beta_2 x_2 + \cdots + \beta_K x_K + e \qquad (1.3)$$

このようにして生成されるサンプルが N 個、つまり、y と $\boldsymbol{x}$ の組が N 個あるとします。つまり、

$$
\begin{aligned}
y_1 &= \beta_1 x_{11} + \beta_2 x_{12} + \cdots + \beta_K x_{1K} + e_1 \\
y_2 &= \beta_1 x_{21} + \beta_2 x_{22} + \cdots + \beta_K x_{2K} + e_2 \\
&\vdots \\
y_N &= \beta_1 x_{N1} + \beta_2 x_{N2} + \cdots + \beta_K x_{NK} + e_N
\end{aligned}
\qquad (1.4)
$$

となります。サンプルごとに説明変数 x_i は異なる値をとりますが、係数 β_i は共通です。この連立 1 次方程式はベクトルと行列を使って以下のように簡潔に書けます。

$$
\begin{pmatrix} y_1 \\ y_2 \\ \vdots \\ y_N \end{pmatrix} = \begin{pmatrix} x_{11} & x_{12} & \cdots & x_{1K} \\ x_{21} & x_{22} & \cdots & x_{2K} \\ \vdots & & & \\ x_{N1} & x_{N2} & \cdots & x_{NK} \end{pmatrix} \begin{pmatrix} \beta_1 \\ \beta_2 \\ \vdots \\ \beta_K \end{pmatrix} + \begin{pmatrix} e_1 \\ e_2 \\ \vdots \\ e_N \end{pmatrix} \quad (1.5)
$$

$$
\boldsymbol{y} = \boldsymbol{X}\boldsymbol{\beta} + \boldsymbol{e} \quad\quad (1.6)
$$

ここで、$\boldsymbol{y} = (y_1, y_2, \cdots, y_N)^T$、$\boldsymbol{X}$ は i 行 j 列の要素が x_{ij} である N 行 K 列の行列、$\boldsymbol{\beta} = (\beta_1, \beta_2, \cdots, \beta_K)^T$、$\boldsymbol{e} = (e_1, e_2, \cdots, e_N)^T$ です。$\boldsymbol{y}, \boldsymbol{\beta}, \boldsymbol{e}$ は列ベクトルなので、文章中では転置 $(^T)$ していることにご注意ください。また、行列 $\boldsymbol{X}$ の i 行目をベクトル $\boldsymbol{x}_i = (x_{i1}, x_{i2}, \cdots, x_{iK})$ と表せば、サンプルごとに $y_i = \boldsymbol{x}_i \boldsymbol{\beta} + e_i$ と書けます。$\boldsymbol{y}$ と $\boldsymbol{X}$ は既知の量で、推定したい未知の量は $\boldsymbol{\beta}$ です。

ここまでくれば、あとは誤差の性質を与えればデータの生成モデルが出来上がります。誤差 e の値は、必ずこの値になる、と決められないので、確率的に扱わなければいけません。ここでは誤差は平均 0、分散 σ^2 の**正規分布** (normal distribution/Gaussian distribution) に従う、とします。簡単のため σ^2 はサンプルに依らず一定としましょう。

正規分布についておさらいします。平均 μ、分散 σ^2 の正規分布に従う z の確率密度関数は以下で表されます。

$$
p(z) = \frac{1}{\sqrt{2\pi\sigma^2}} \exp\left\{ -\frac{(z-\mu)^2}{2\sigma^2} \right\} \quad (1.7)
$$

図 1.1 左は正規分布の例です。$p(z)$ は確率密度なので、z のある区間で積分したものが「確率」です。確率の定義から、$p(z)$ を $-\infty$ から $+\infty$ まで積分すれば 1 になります。右図の横線で示している区間は、$\pm 1\sigma$、$\pm 2\sigma$、$\pm 3\sigma$、に対応し、それぞれの範囲に全体の 68.27%、95.45%、99.73%、が含まれます。

z が式 (1.7) からのサンプルであるとき、$z \sim \mathcal{N}(\mu, \sigma^2)$ と表します。z に定数 c を足した量は、単に分布の平行移動なので、$z+c \sim \mathcal{N}(\mu+c, \sigma^2)$ です。また、$z_1, \cdots, z_n$ がそれぞれ $\mathcal{N}(\mu_1, \sigma_1^2), \cdots, \mathcal{N}(\mu_n, \sigma_n^2)$ に従い、かつ、互いに独立であるとき、その線形結合 $\sum_i a_i z_i$ は正規分布 $\mathcal{N}(\sum_i a_i \mu_i, \sum_i a_i^2 \sigma_i^2)$

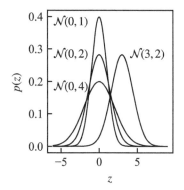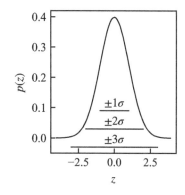

図1.1 **正規分布の例と標準偏差の範囲**

左：正規分布の例。$\mathcal{N}(\mu, \sigma^2)$ は平均 μ、分散 σ^2 の正規分布を表す。

右：標準偏差の範囲。$\pm 1\sigma$、$\pm 2\sigma$、$\pm 3\sigma$ の範囲に、それぞれ全体の 68.27%、95.45%、99.73% が含まれる。

に従います。例えば、x が $\mathcal{N}(\mu, \sigma^2)$ のサンプルであるとき、$y = \beta x$ で変換された y は $\mathcal{N}(\beta\mu, \beta^2\sigma^2)$ のサンプルになります。逆に、$z \sim \mathcal{N}(\mu, \sigma^2)$ であるとき、$z' = \frac{z-\mu}{\sigma}$ と変換すれば $z' \sim \mathcal{N}(0,1)$ になります。この平均 0、分散 1 の正規分布は標準正規分布と呼ばれ、このような変換を標準化といいます。

正規分布に限らず一般に、ある確率分布 $p(z)$ に従う変数 Z に対して、その期待値 $E(Z)$ は以下で定義されます。

$$E(Z) = \int_{-\infty}^{+\infty} zp(z)dz \tag{1.8}$$

正規分布の μ は上記のように「平均」とも呼ばれますが、正確には期待値です。

では線形回帰の問題に戻りましょう。式 (1.5) において $e_i \sim \mathcal{N}(0, \sigma^2)$ であるということは、y_i は平均 $\boldsymbol{x}_i\boldsymbol{\beta}$、分散 σ^2 をもつ正規分布からのサンプルであることを意味します。つまり、

$$p(y_i|\boldsymbol{\theta}) = \frac{1}{\sqrt{2\pi\sigma^2}} \exp\left\{ -\frac{(y_i - \boldsymbol{x}_i\boldsymbol{\beta})^2}{2\sigma^2} \right\} \tag{1.9}$$

ここで、$\boldsymbol{\beta}$ に加えて正規分布の分散 σ^2 がモデルパラメータとして増えたた

め、それらをまとめて $\theta = \{\beta, \sigma^2\}$ としました。式 (1.9) で目的変数 y_i の生成モデルができました。

モデルは確率分布を使った統計モデルとして表現されています。データはその確率分布に従って生成されるサンプルとみなされます。パラメータの線形結合と正規分布を使う、式 (1.9) のような正規線形モデルは、様々な統計モデルの基礎となります。モデルはパラメータ θ によって決まります。データに最適なモデル、つまり最適な θ は、どのようにして決めれば良いでしょうか？

尤度と最尤法

あなたの手元には N 個のデータ y があります。そのひとつひとつの y_i を式 (1.9) の確率分布からのサンプルとみなします。最初のサンプルが y_i で、次のサンプルが y_j である確率は、サンプリングが互いに影響しない、つまり独立であれば、それぞれの確率を掛けて、$p(y_i, y_j|\theta) = p(y_i|\theta)p(y_j|\theta)$ です。これを**同時確率** (joint probability) といいます。N 個のサンプルが生成される同時確率 $p(y|\theta)$ は式 (1.9) をサンプルごとに全て掛け算して、以下で与えられます。

$$
\begin{aligned}
p(\boldsymbol{y}|\boldsymbol{\theta}) &= \prod_{i=1}^{N} p(y_i|\boldsymbol{\theta}) \\
&= \frac{1}{(2\pi\sigma^2)^{N/2}} \exp\left\{-\frac{(y_1 - \boldsymbol{x}_1\boldsymbol{\beta})^2}{2\sigma^2}\right\} \\
&\quad \exp\left\{-\frac{(y_2 - \boldsymbol{x}_2\boldsymbol{\beta})^2}{2\sigma^2}\right\} \cdots \exp\left\{-\frac{(y_N - \boldsymbol{x}_N\boldsymbol{\beta})^2}{2\sigma^2}\right\} \\
&= \frac{1}{(2\pi\sigma^2)^{N/2}} \exp\left\{-\frac{\sum_{i=1}^{N}(y_i - \boldsymbol{x}_i\boldsymbol{\beta})^2}{2\sigma^2}\right\} = L(\boldsymbol{\theta}) \quad (1.10)
\end{aligned}
$$

式が複雑になってきたので、ノルム記号を導入して簡潔にしましょう。あるベクトル $\boldsymbol{a} = (a_1, a_2, \cdots, a_N)$ の p 次ノルム $\|\boldsymbol{a}\|_p$ は以下で定義されます。

$$
\|\boldsymbol{a}\|_p = \left(\sum_i |a_i|^p\right)^{1/p} \quad (1.11)
$$

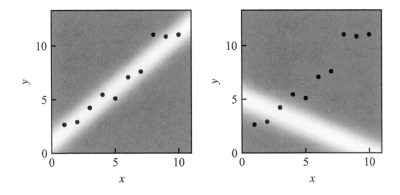

| 図1.2 | 統計モデルとデータと尤度の関係**

黒点がデータ。色は確率密度を表し、黄色い領域ほど確率密度が高い。左図と右図はともに同じ分散の正規線形モデルで、直線の切片と傾きが異なる。左図ではデータが確率密度の高い領域に多いのでモデルの尤度が高く、右図は逆にモデルの尤度が低くなる。

例えば 2 次ノルムは $\|a\|_2 = \sqrt{a_1^2 + a_2^2 + \cdots + a_N^2}$ ですから、これは一般的な意味でのベクトルの「長さ」であり、ユークリッドノルムと呼ばれます。式 (1.10) はベクトル $y - X\beta$ の 2 次ノルムを使って以下のように簡潔に書けます。

$$L(\boldsymbol{\theta}) = \frac{1}{(2\pi\sigma^2)^{N/2}} \exp\left(-\frac{\|\boldsymbol{y} - \boldsymbol{X}\boldsymbol{\beta}\|_2^2}{2\sigma^2}\right) \tag{1.12}$$

$L(\boldsymbol{\theta})$ は**尤度** (likelihood) と呼ばれます。尤度はデータから計算でき、モデルパラメータに依存する、つまり、$\boldsymbol{\theta}$ の関数であり、**尤度関数** (likelihood function) とも呼ばれます。例として、図1.2 では、図 0.1 のデータに対して式 (1.9) の確率分布で与えられるモデルをカラーマップで表しています。左図も右図も分散は同じですが、直線の切片と傾きが異なります。左図ではモデルの確率の高いところ (黄色の領域) にデータがあるので尤度が高くなります。右図では逆に確率の低いところ (赤色の領域) にデータが多いので、尤度は低くなります。データからモデルパラメータを推定したいとき、尤度が最も高くなるように $\boldsymbol{\theta}$ を推定する方法を**最尤法** (method of maximum likelihood estimation) といいます。

最小二乗法

式 (1.12) の尤度を最大にする $\boldsymbol{\theta}$ は以下の対数尤度 $\log L(\boldsymbol{\theta})$ を最大にする $\boldsymbol{\theta}$ と同じです。

$$\log L(\boldsymbol{\theta}) = -\frac{N}{2} \log 2\pi\sigma^2 - \frac{\|\boldsymbol{y} - \boldsymbol{X}\boldsymbol{\beta}\|_2^2}{2\sigma^2} \tag{1.13}$$

本書では特に明記しない限り、log は自然対数を表します。いま σ は定数で、右辺第 2 項の符号がマイナスなので、$\|\boldsymbol{y} - \boldsymbol{X}\boldsymbol{\beta}\|_2^2$ を最小にする $\boldsymbol{\beta}$ がその最尤解です。これは式 (1.6) における誤差 e の 2 次ノルムの 2 乗であり、つまり、データ y_i と説明変数の線形結合 $f(\boldsymbol{x}_i) = \boldsymbol{x}_i\boldsymbol{\beta}$ の差の 2 乗を全てのサンプルで足し合わせたもので、**二乗誤差** (squared error: SE) とも呼ばれます。SE をデータ数 N で割ったものは**平均二乗誤差** (mean squared error: MSE) と呼ばれます。$f(\boldsymbol{x})$ が非線形の場合も含め、一般的に $\sum_i (y_i - f(\boldsymbol{x}_i; \boldsymbol{\theta}))^2$ を最小にして $\boldsymbol{\theta}$ を推定する方法は**最小二乗法** (the method of least squares) と呼ばれます。初めてデータにモデルを当てはめるとき、おそらく使われるのはこの方法でしょう。

最小二乗法に限らず、パラメータをもつモデルをデータに当てはめるとき、何かしらの関数を最小化、もしくは最大化するようにパラメータを探します。そのような関数は**目的関数** (objective function) と呼ばれます。ここでは SE、つまり、$S = \|\boldsymbol{y} - \boldsymbol{X}\boldsymbol{\beta}\|_2^2$ が目的関数です。これを最小にする $\boldsymbol{\beta}$、すなわち最小二乗解 $\hat{\boldsymbol{\beta}}$ は以下のように表されます。

$$\hat{\boldsymbol{\beta}} = \underset{\boldsymbol{\beta}}{\arg\min} \|\boldsymbol{y} - \boldsymbol{X}\boldsymbol{\beta}\|_2^2 \tag{1.14}$$

左辺の $\hat{\boldsymbol{\beta}}$ は $\boldsymbol{\beta}$ の推定値を意味し、右辺の arg min は関数が最小になる点 (arguments of the minima) を表します。この式の意味は「目的関数 $\|\boldsymbol{y} - \boldsymbol{X}\boldsymbol{\beta}\|_2^2$ を最小にする $\boldsymbol{\beta}$ をその推定量とする」です。

$\hat{\boldsymbol{\beta}}$ は以下のように計算できます。まず、目的関数 S を展開します。

$$\begin{aligned} S &= \|\boldsymbol{y} - \boldsymbol{X}\boldsymbol{\beta}\|_2^2 = (\boldsymbol{y} - \boldsymbol{X}\boldsymbol{\beta})^T \cdot (\boldsymbol{y} - \boldsymbol{X}\boldsymbol{\beta}) \\ &= \boldsymbol{y}^T\boldsymbol{y} - \boldsymbol{y}^T\boldsymbol{X}\boldsymbol{\beta} - \boldsymbol{\beta}^T\boldsymbol{X}^T\boldsymbol{y} + \boldsymbol{\beta}^T\boldsymbol{X}^T\boldsymbol{X}\boldsymbol{\beta} \end{aligned}$$

$$= \boldsymbol{y}^T \boldsymbol{y} - 2\boldsymbol{\beta}^T \boldsymbol{X}^T \boldsymbol{y} + \boldsymbol{\beta}^T \boldsymbol{X}^T \boldsymbol{X} \boldsymbol{\beta} \tag{1.15}$$

これは $\boldsymbol{\beta}$ についての 2 次式なので、S はその微分が 0 になる $\boldsymbol{\beta}$ で最小値をとります。S を $\boldsymbol{\beta}$ で微分すると、

$$\frac{\partial S}{\partial \boldsymbol{\beta}} = -2\boldsymbol{X}^T \boldsymbol{y} + 2\boldsymbol{X}^T \boldsymbol{X} \boldsymbol{\beta} \tag{1.16}$$

となります。ここでベクトルによる微分は以下で定義されます。

$$\frac{\partial f}{\partial \boldsymbol{\beta}} = \left(\frac{\partial f}{\partial \beta_1}, \frac{\partial f}{\partial \beta_2}, \cdots, \frac{\partial f}{\partial \beta_N} \right)^T \tag{1.17}$$

詳しくは省略しますが、ベクトルによる微分は成分ごとに考えると便利な公式ができて、それらを使うと上のように楽に導出できます。S を最小にする $\hat{\boldsymbol{\beta}}$ では式 (1.16) が 0 になるので、

$$\boldsymbol{X}^T \boldsymbol{X} \hat{\boldsymbol{\beta}} = \boldsymbol{X}^T \boldsymbol{y} \tag{1.18}$$

が得られます。ここで行列 $\boldsymbol{X}^T \boldsymbol{X}$ に逆行列 $(\boldsymbol{X}^T \boldsymbol{X})^{-1}$ が存在すれば、最小二乗解 $\hat{\boldsymbol{\beta}}$ が以下で得られます。

$$\hat{\boldsymbol{\beta}} = (\boldsymbol{X}^T \boldsymbol{X})^{-1} \boldsymbol{X}^T \boldsymbol{y} \tag{1.19}$$

逆行列の有無は行列 $\boldsymbol{X}^T \boldsymbol{X}$ のランクに依ります。詳しくは線形代数の教科書をご覧ください。式 (1.5) まで戻ると、例えばデータ数 N よりもパラメータの数 K の方が多い場合、逆行列は存在せず、この連立 1 次方程式の解は一意に決まりません。

というわけで、式 (1.19) で欲しかった解が手に入りました。ただし、σ^2 がサンプルに依らず一定の状況に限ります。

データの測定誤差から分布の分散を仮定する

実際のデータではしばしばサンプルによって測定誤差が異なります。例えば天文学では、同じ星の明るさを測っていても、快晴のときと薄雲がかかるときとでは誤差が大きく変わります。正規線形モデルでは σ はランダムに生

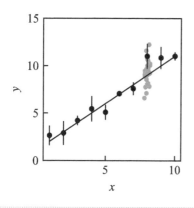
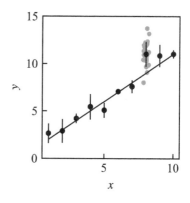

| 図 1.3 | 統計モデルの分散と測定誤差

正規分布を使った統計モデルの描像では、サンプルは左図灰色点のように直線の周りに分散 σ^2 で対称に分布し、実際に手元にあるデータはそのうちの 1 つとみなされる。一方、右図のように、同じ条件で何度も測定したデータ (灰色点) のばらつきとして測定誤差が与えられ、測定の平均値がモデルから大きく外れるときは、その差を説明する別の項を付け足すなど、モデルの再考が求められる。

じる誤差の標準偏差で、これまでは未知のモデルパラメータとして扱ってきました。もし σ が一定なら、式 (1.13)、(1.14) からわかるように、係数 β の最小二乗解は σ に依存しません。一方、データによって σ が変わると解も変わります。そこで、データ y_i の測定誤差を σ_i とし、σ_i^2 を式 (1.12) に含まれる正規分布の分散と仮定して、最小二乗法を拡張しましょう。

ただし、それはある種の「すり替え」です。実際の測定誤差が、σ の意味するものと一致するとは限りません。例えば、図 1.3 右のように、データと測定誤差がモデルの描像と乖離しているなら、このすり替えは不適切です。そのような状況では、直線から外れている成分を組み込んだモデルが有効ですが、それは本章の守備範囲を超えていて、第 3 章「ベイズモデリング」で導入されます。ここでは測定誤差が図 1.3 左のような描像である前提で話を進めましょう。

最小二乗法を拡張するにあたり、式 (1.9) から σ を σ_i に変えて、順番に式を更新します。途中は省略して、最終的に解は以下のように表せます。

$$\hat{\boldsymbol{\beta}} = \arg\min_{\boldsymbol{\beta}} \|\boldsymbol{W}(\boldsymbol{y} - \boldsymbol{X}\boldsymbol{\beta})\|_2^2 \tag{1.20}$$

ここで $\boldsymbol{W}$ は重み係数を $w_i = 1/\sigma_i$ とした、以下の重み行列です。

$$\boldsymbol{W} = \begin{pmatrix} w_1 & 0 & \cdots & 0 \\ 0 & w_2 & \cdots & 0 \\ \vdots & \vdots & \ddots & \vdots \\ 0 & 0 & \cdots & w_N \end{pmatrix} \tag{1.21}$$

単純に $(y_i - \boldsymbol{x}_i\boldsymbol{\beta})^2$ を足し合わせるのではなく、サンプルごとに重み $1/\sigma_i^2$ を掛けて、足し合わせています。測定誤差 σ_i が大きいサンプルの重みは小さくなるわけです。この**重み付き最小二乗法** (weighted least squares) の問題も σ を一定としたとき (式 (1.19)) と同様に解けて、解は以下で与えられます。

$$\hat{\boldsymbol{\beta}} = (\boldsymbol{X}^T\boldsymbol{W}^2\boldsymbol{X})^{-1}\boldsymbol{X}^T\boldsymbol{W}^2\boldsymbol{y} \tag{1.22}$$

この式を使って、図 0.1 左 (p.2) のデータから最小二乗解 $\hat{\boldsymbol{\beta}}$ が計算できます。データが 10 個あるので $N = 10$、パラメータは切片 β_1 と傾き β_2 の 2 つなので $K = 2$ です。したがって、$\boldsymbol{X}$ は 10×2 の行列であり、$\boldsymbol{X}^T\boldsymbol{W}^2\boldsymbol{X}$ は 2×2 の行列です。その逆行列の計算は手でもできます。結果、$(\hat{\beta}_1, \hat{\beta}_2) = (1.11, 0.99)$ と計算されます。データは $(\beta_1, \beta_2) = (1.00, 1.00)$ のモデルから正規分布に従うノイズを足して作ったものです。悪くない推定といえるでしょう。

正解と比べて推定値は少し外れていますが、これは避けられないことです。無限に多くのデータが手に入らない限り、ノイズを含んだデータから正解をピッタリ当てることはできません。全く同じ測定をして別の 10 個のデータを手に入れ、それに対して同じように最小二乗解を計算すると、やはり別の、正解からわずかに異なる値が得られるでしょう。最尤推定、もしくは最小二乗法でデータから得られた解は真値の周りにばらつく統計量であることを良く理解しておきましょう。

尤度ってなんですか？

さて、本節では最初にデータの生成モデルを確率分布を使って表現し、そ

こから尤度を定義して、最小二乗法による解を導出しました。「最初から最小二乗法だけでええやん。尤度いらんやん」と思った人もいるのでは？ しかし、尤度の式 (1.12) を見ると、β の最尤解と最小二乗解が一致する理由は正規分布の性質によるものです。データの生成モデルとして正規分布が不適切なとき、最尤解と最小二乗解が一致するとは限りません。

例えば、天文学では天体からやってくる X 線やガンマ線の光子は 1 つ 2 つと計測され、この天体からは光子が 10 個、あの天体からは 20 個、というデータが得られます。可視光を検出する CCD でも、得られる画像はピクセルごとに電子の数に対応するデータが得られます。測定値 y が連続した値をとらず、このようなカウントデータであるとき、データは**ポアソン分布** (Poisson distribution) に従って生成されると考えるのが妥当です。

ポアソン分布についておさらいしておきましょう。期待値 λ のポアソン分布に従う z の確率分布は以下で表されます。

$$P(z) = \frac{e^{-\lambda}\lambda^z}{z!} \tag{1.23}$$

z は非負の整数値ですが、λ は非負の実数値をとります。ポアソン分布は期待値と分散がどちらも λ です。つまり、λ が大きいほどサンプルのばらつきも大きくなります。正規分布は期待値と分散の 2 つのパラメータをもちましたが、ポアソン分布は 1 つだけです。図 1.4 にいくつかの異なる λ のポアソン分布を示します。λ が小さいと z が大きい側に伸びる非対称な分布になります。λ が大きくなるとポアソン分布は正規分布 $\mathcal{N}(\lambda, \lambda)$ に近づきます。

図 1.5 は一見するとこれまでと同じような右肩上がりの散布図に見えますが、正規分布ではなくポアソン分布から生成されたデータを示しています。このデータに対して $y = \beta_1 + \beta_2 x$ という直線モデルの最小二乗解が左図に破線で示されています。カウントデータ y は非負の値なのに、このモデルは x が小さい領域で y が負の値になっています。これを避けたいならば、尤度はポアソン分布を用いた、例えば以下の形が考えられます。

$$L(\boldsymbol{\theta}) = \prod_i p(y_i|\boldsymbol{\theta}) \tag{1.24}$$

$$p(y_i|\boldsymbol{\theta}) = \frac{e^{-\lambda(\boldsymbol{\theta})}\lambda(\boldsymbol{\theta})^{y_i}}{y_i!} \tag{1.25}$$

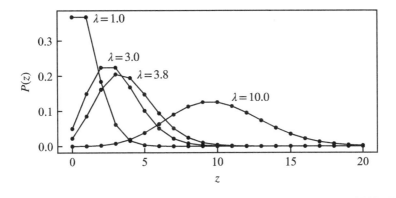

|図1.4| ポアソン分布の例

期待値 λ が小さいときは非対称性が強い分布になり、大きくなるとともに対称に近づく。

$$\log \lambda(\boldsymbol{\theta}) = \beta_1 + \beta_2 \log x_i \qquad (1.26)$$

式 (1.24) は全てのサンプルの同時確率、すなわち尤度で、これは正規分布の
モデルと同じです。式 (1.25) が 1 つのサンプルを生成する統計モデルで、ポ
アソン分布を使っています。そして、式 (1.26) が目的変数と説明変数を繋ぐ
式です。正規モデルでは分散もモデルパラメータでしたが、ポアソン分布で
は分散は期待値と同じ λ なので、ここでは $\boldsymbol{\theta} = (\beta_1, \beta_2)$ です。式 (1.24) の
尤度を最も大きくする、すなわち最尤法で得られたモデルを図 1.5 右パネル
に破線で示しています。x が小さい領域でも、モデルの y は負の値をとりま
せん。

　正規分布がよく使われるのは中心極限定理のためです。しかし、小さな値
のカウントデータを含む図 1.5 のように、生成モデルとして正規分布が明ら
かに不適切な状況もあります。ポアソン分布の他にも、ベルヌーイ分布、二項
分布、多項分布がデータの生成モデルとして適切な問題もあります。尤度関
数を定義することによって、正規分布の場合でも、それ以外の確率分布の場
合でも、最尤法という共通の枠組みでデータから適切に情報を抽出できます。

　最小二乗法は「データとモデルの残差を最小にする」という直感的にわかり
やすい手法です。それゆえに、最初にその安楽地にはまってしまうと、デー
タが生成されるプロセスを統計モデルで表現するという、データ解析におけ

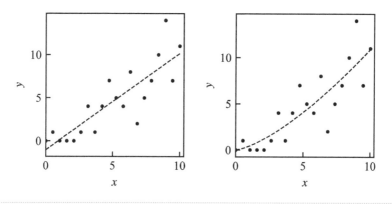

図1.5 ポアソン分布に従うデータの回帰分析

左と右でデータは同じ。左は正規性を仮定して線形回帰した結果で、x が小さい領域でモデルが予測する y が負の値になってしまっている。右は y が負にならないようなリンク関数を選び、ポアソン回帰した結果。

る最初の大切なステップを忘れがちになります。物理学では扱うデータの生成過程と測定装置のノイズの性質はまさにその「物理」がよく理解されています。それらの知識に基づいて、データの生成過程を統計モデルに適切に落とし込む「モデリング」の作業なくして、データから適切な情報は得られません。それでいて、複雑な現象やデータの生成過程に適したうまいモデリングは決して自明で簡単な作業ではなく、多くの知識と経験を必要とする作業といえます。

　図 1.5 右の例では、$\log \lambda$ と $\log x$ に対して線形のモデル (式 (1.26)) を使いました。このように、線形の関係を基本要素として、正規分布以外の確率分布にも拡張したモデルは**一般化線形モデル** (generalized linear model) と呼ばれます。式 (1.26) の右辺のような関係式は**線形予測子** (linear predictor) と呼ばれます。図 1.5 の例なら他に $\beta_1 + \beta_2 x$ という形の線形予測子もよく使われます。式 (1.26) の左辺は λ そのものではなく $\log \lambda$ になっています。この変換に当たる関数は**リンク関数** (link function) と呼ばれます。リンク関数は用いる確率分布によって適切なものが知られています。式 (1.26) は $\lambda \propto x^{\beta_2}$ というベキ乗則に相当します。どのような線形予測子とリンク関数が適切なのかは、データが生成されるプロセスによって判断します。詳しく

は一般化線形モデルの専門書をご覧ください。

1.2 モデルの不定性：χ^2分布、仮説検定、信頼区間

前節で図 0.1 (p.2) のデータに直線を当てはめ、最尤解として切片 β_1 と傾き β_2 をそれぞれ $(\hat{\beta}_1, \hat{\beta}_2) = (1.11, 0.99)$ と推定しました。これらの値にはどれほどの精度があるのでしょうか？ $\beta_2 = 0.98$ のモデルは全く使い物にならない、否定されるべきモデルなのでしょうか？ 直感的には大きな差はなさそうに思えますが、では $\beta_2 = 1.10$ は？ 推定したパラメータの値を他の測定結果や理論値と比べたいとき、その不定性を考慮しない議論は不毛です。研究発表の場で不定性を示さずに推定結果を発表すると、鬼の首を取ったように指摘してくる人が湧いて出てくるのはそのためです。本節では図 0.1 右のような推定パラメータの不定性を評価するための知識を概観します。

最小二乗解の分散

正規線形モデルなら、最小二乗解が真の値の周りにどれほどばらつくか、解析的にわかります。簡単のため σ^2 が一定の場合を考えます。最小二乗解である式 (1.19) に y の生成モデルである式 (1.6) を代入して、以下を得ます。

$$\hat{\beta} = (\boldsymbol{X}^T \boldsymbol{X})^{-1} \boldsymbol{X}^T (\boldsymbol{X} \beta_0 + \boldsymbol{e}) = \beta_0 + (\boldsymbol{X}^T \boldsymbol{X})^{-1} \boldsymbol{X}^T \boldsymbol{e} \qquad (1.27)$$

ここで真の値を明示するために β を β_0 に書き換えました。誤差 $\boldsymbol{e}$ は正規分布に従う確率変数で、β_0 と $\boldsymbol{X}$ は定数なので、$\hat{\beta}$ の各成分も正規分布に従います。

$\hat{\beta}$ の期待値は、

$$E(\hat{\beta}) = \beta_0 + (\boldsymbol{X}^T \boldsymbol{X})^{-1} \boldsymbol{X}^T E(\boldsymbol{e}) = \beta_0 \qquad (1.28)$$

となります。ここで $\boldsymbol{e}$ が平均 $\boldsymbol{0}$ の正規分布であることを用いています。この式はつまり、最小二乗解 $\hat{\beta}$ の期待値が真の値に一致するという、ありがたい保証を与えてくれます。このような推定量を一般に不偏推定量といいます。

次に $\hat{\beta}$ が真値 β_0 の周りにどれほどばらつくか、すなわち、$\hat{\beta}$ の分散を計

算します。

$$
\begin{aligned}
E[(\hat{\boldsymbol{\beta}} - E(\hat{\boldsymbol{\beta}}))(\hat{\boldsymbol{\beta}} - E(\hat{\boldsymbol{\beta}}))^T] &= E[(\hat{\boldsymbol{\beta}} - \boldsymbol{\beta}_0)(\hat{\boldsymbol{\beta}} - \boldsymbol{\beta}_0)^T] \\
&= E[((\boldsymbol{X}^T\boldsymbol{X})^{-1}\boldsymbol{X}^T e)((\boldsymbol{X}^T\boldsymbol{X})^{-1}\boldsymbol{X}^T e)^T] \\
&= (\boldsymbol{X}^T\boldsymbol{X})^{-1}\boldsymbol{X}^T E(ee^T)\boldsymbol{X}(\boldsymbol{X}^T\boldsymbol{X})^{-1} \\
&= (\boldsymbol{X}^T\boldsymbol{X})^{-1}\boldsymbol{X}^T (\sigma_0^2\boldsymbol{I})\boldsymbol{X}(\boldsymbol{X}^T\boldsymbol{X})^{-1} \\
&= \sigma_0^2(\boldsymbol{X}^T\boldsymbol{X})^{-1} \qquad\qquad (1.29)
\end{aligned}
$$

最初に式 (1.28)、次に式 (1.27) を、後半は $e \sim \mathcal{N}(0, \sigma_0^2\boldsymbol{I})$ を使っています。$\boldsymbol{\beta}_0$ と同様、σ^2 を真の値 σ_0^2 に書き換えています。$\boldsymbol{I}$ は単位行列です。

以上から、最小二乗解 $\hat{\boldsymbol{\beta}}$ が従う確率分布は以下の正規分布です。

$$
p(\hat{\boldsymbol{\beta}}) = \mathcal{N}(\boldsymbol{\beta}_0, \sigma_0^2(\boldsymbol{X}^T\boldsymbol{X})^{-1}) \qquad\qquad (1.30)
$$

この正規分布は式 (1.7) で与えた 1 変数の正規分布ではなく、多変量正規分布であることに注意しましょう。平均ベクトル $\boldsymbol{\mu}$、分散共分散行列 $\boldsymbol{\Sigma}$ をもつ n 次元の多変量正規分布は以下で表されます。

$$
p(\boldsymbol{z}) = \frac{1}{\sqrt{(2\pi)^n|\boldsymbol{\Sigma}|}} \exp\left\{ -\frac{1}{2}(\boldsymbol{z} - \boldsymbol{\mu})^T\boldsymbol{\Sigma}^{-1}(\boldsymbol{z} - \boldsymbol{\mu}) \right\} \qquad (1.31)
$$

式 (1.30) はわかりやすい関係に見えますが、だからといって実用的ではありません。真の値 $\boldsymbol{\beta}_0$ と σ_0^2 はデータから推定することはできますが、決してその真の値を知ることはできないからです。ただ、データから σ_0^2 を推定できれば、$\hat{\boldsymbol{\beta}}$ のばらつきの指標にはなるでしょう。σ_0^2 の不偏推定量は以下で与えられます。

$$
\hat{\sigma^2} = \frac{\|\boldsymbol{y} - \boldsymbol{X}\hat{\boldsymbol{\beta}}\|_2^2}{N - K} \qquad\qquad (1.32)
$$

この式の詳しい証明は省きますが、分子はデータからモデルを引いた残差の 2 乗和、分母の N はデータ数、K はモデルパラメータの数なので、この式は不偏分散です。したがって、式 (1.30) 中の行列 $(\boldsymbol{X}^T\boldsymbol{X})^{-1}$ の (i, i) 成分を a_{ii} として、パラメータ $\hat{\beta}_i$ の分散は $\hat{\sigma}^2 a_{ii}$ と推定できます。また、その

平方根、

$$\hat{s}(\hat{\beta}_i) = \hat{\sigma}\sqrt{a_{ii}} \tag{1.33}$$

は $\hat{\beta}_i$ の**標準誤差** (standard error) と呼ばれます。標準誤差は最小二乗解が真の値からどれほどばらつくかを表す指標です。$\hat{\sigma}$ はデータと最尤モデルから得られ、a_{ii} は説明変数 $\boldsymbol{X}$ が与えられれば $(\boldsymbol{X}^T\boldsymbol{X})^{-1}$ の対角成分として得られるので、標準誤差はデータとモデルから計算できます。重み付き最小二乗法の場合も同様に標準誤差が計算できます。

χ^2 分布とモデルの適合度

正規線形モデル以外でも推定結果の不定性を評価できるよう、準備を進めましょう。

まず、線形とは限らない一般の関数形 $f(\boldsymbol{x};\boldsymbol{\theta})$ の周りに正規誤差が乗るモデルを考えます。式 (1.10) の尤度関数を、σ は測定誤差から与えられると仮定して、以下のように書き直します。

$$L(\boldsymbol{\theta}) = \prod_i \left(\frac{1}{\sqrt{2\pi\sigma_i^2}} \right) \exp\left\{ -\frac{1}{2}\sum_i \left[\frac{y_i - f(\boldsymbol{x}_i;\boldsymbol{\theta})}{\sigma_i} \right]^2 \right\} \tag{1.34}$$

既に述べた正規分布の性質から、もしこのモデルが妥当なら、$[y_i - f(\boldsymbol{x}_i;\boldsymbol{\theta})]/\sigma_i$ という量は平均 0、分散 1 の標準正規分布に従います。一般に、標準正規分布に従う変数の 2 乗和が従う確率分布を χ^2 **分布** (chi-square distribution) といいます。ここではデータから最尤推定して得た $\hat{\boldsymbol{\theta}}$ を用いて、

$$\chi^2 = \sum_i \left[\frac{y_i - f(\boldsymbol{x}_i;\hat{\boldsymbol{\theta}})}{\sigma_i} \right]^2 \tag{1.35}$$

が χ^2 分布に従うと期待できます。χ^2 分布のパラメータは自由度 ν です。モデルパラメータが K 個、データが N 個あるとき、$\nu = N - K$ になります。

自由度 ν の χ^2 分布の確率密度関数は以下の通りです。

$$p(\chi^2, \nu) = \frac{1}{2^{\nu/2}\Gamma(\nu/2)}(\chi^2)^{\nu/2-1}e^{-\chi^2/2} \tag{1.36}$$

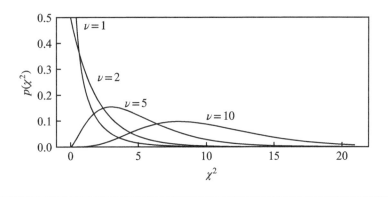

|図1.6| χ^2 分布の例
自由度 ν が大きくなるとともに分布の形は対称に近づく。

ここで Γ はガンマ関数です。図 1.6 に様々な自由度の χ^2 分布を示します。χ^2 分布の期待値は ν、分散は 2ν です。自由度 ν の χ^2 分布を χ^2_ν と表すと、$\chi^2_m \sim p(\chi^2, m)$、$\chi^2_n \sim p(\chi^2, n)$ のとき、$\chi^2_m + \chi^2_n \sim p(\chi^2, m + n)$ という性質があります。また、χ^2 の値を分布の期待値でもある自由度 ν で割った χ^2/ν は reduced χ^2 と呼ばれます。

具体例として図 1.7 左のデータに直線 $f(x) = \beta_1 + \beta_2 x$ を当てはめる問題を考えます。図 1.7 左は図 0.1 (p.2) のデータと同じです。前節で述べたように、最小二乗解は $\hat{\boldsymbol{\theta}} = (\hat{\beta}_1, \hat{\beta}_2) = (1.11, 0.99)$ となり、このとき式 (1.35) から $\chi^2 = 5.22$ と計算されます。データは 10 点、モデルパラメータは 2 つあるので、この χ^2 は自由度 $\nu = 10 - 2 = 8$ の χ^2 分布に従うはずです。図 1.7 右がその χ^2 分布です。この図を見ると、データから得られた χ^2 の値 5.22 では確率密度が高く、この χ^2 分布のサンプルとしては自然な「ありそうな」値です。

データはランダムなノイズを含んでいます。今、図 1.7 左のデータと同様のデータ、つまり、直線に正規ノイズが加わった 10 個のデータを別に取得したと考えましょう。ノイズはランダムなので、その新しいデータは図 1.7 左のデータとぴったり同じにはなりません。また、そのデータから計算する χ^2 の値も異なります。しかし、モデルが妥当なら、やはり図 1.7 右の χ^2 分

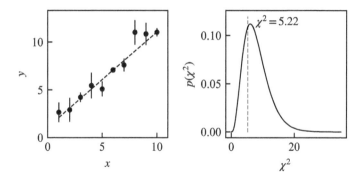

図1.7 線形回帰から得られる χ^2 の例

左は図 0.1 と同じデータで、これに直線モデルを最小二乗法で当てはめる。右は自由度 8 の χ^2 分布と、データと最小二乗解から計算される χ^2 の値。得られた χ^2 は確率密度の高いところに位置するので、モデルは妥当だと考えられる。

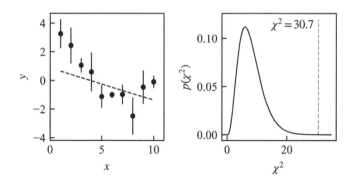

図1.8 モデルが妥当でない状況での χ^2 の例

図 1.7 と同様。最小二乗解のモデルはデータに合っていない (左)。実際に、データと最小二乗解から計算される χ^2 の値は確率密度が低い (右)。

布に従います。というか、新たなデータの組をたくさん作って、たくさんの χ^2 を計算すると、それらが図 1.7 右のように分布するのです。

　次に、この直線回帰を図1.8 左のデータに対して行います。このデータは周期 10.0 の正弦関数に正規ノイズを加えて生成したので、本来直線を当てはめるのは不適切です。実際にやってみると、最小二乗解は $(\hat{\beta}_1, \hat{\beta}_2) = (0.87, -0.22)$、

$\chi^2 = 30.7$ と計算されます。データの数もパラメータの数も同じなので、この χ^2 が従うべき確率分布は先ほどと同じ自由度 8 の χ^2 分布です。そして、図 1.8 右を見ると、この χ^2 の値で確率密度はとても低く、「ありそうにないことが起きた」と判断できます。

なぜこんなことに？ それは、データに対してモデル = 仮説がおかしいからです。ただし、ここで否定される仮説は $f(\boldsymbol{x}; \boldsymbol{\theta}) = \beta_1 + \beta_2 x$ とは限りません。否定されるべき仮説は $[y_i - f(\boldsymbol{x}_i; \hat{\boldsymbol{\theta}})]/\sigma_i \sim \mathcal{N}(0, 1)$ です。この例では $f(\boldsymbol{x}; \boldsymbol{\theta})$ がおかしいという正解がわかっていますが、実際は他の原因として、σ_i が妥当でない、そもそも誤差が正規分布でない、などが考えられます。どれが本当の原因なのか、それは問題ごとに精査します。

統計的仮説検定

ある仮説を立て、その分身である統計モデルとデータから χ^2 のような量を計算し、その量が妥当かどうかを確率的に検証して、仮説の正しさを判断する——そのような手法は**統計的仮説検定** (statistical hypothesis testing) と呼ばれます。データから推定したパラメータの不定性を評価するという本節の主題からは少し外れるように感じるかもしれませんが、実はこれらは裏表の関係にあるので、ここからしばらく検定の話をします。

検定では**帰無仮説** (null hypothesis) と呼ばれる統計モデルを設定します。本来主張したい結論、すなわち**対立仮説** (alternative hypothesis) とは相反する帰無仮説を立て、帰無仮説のもとで手元にあるデータが得られる確率が小さければ、帰無仮説を棄却します。帰無仮説の棄却によって、対立仮説を採択する統計的仮説検定は背理法を使った方法といえます。

上の例における χ^2 のような量は**検定統計量** (test statistics) と呼ばれます。検定統計量はデータとモデルから計算されます。検定統計量が従う確率分布がわかれば、検定できます。χ^2 と χ^2 分布 の関係のように、検定統計量が従う確率分布が既知の場合や近似的な分布が使える場合は、少ない計算回数で楽に検定できます。そのような確率分布がわからなくても、乱数を用いてブートストラップ法で分布を調べられます (後述)。

検定では、帰無仮説を棄却するための**有意水準** (significance level) を定め

ます。データから得られた検定統計量以上に偏った結果が得られる確率、いわゆる p 値と有意水準を比較して、p 値の方が小さければ、帰無仮説を棄却します。

図1.8のケースでは、帰無仮説は「データは $\mathcal{N}(\hat{\beta}_1 + \hat{\beta}_2 x, \sigma^2)$ からのサンプルである」です。検定統計量である χ^2 は上述の通り30.7と計算されます。自由度8の χ^2 分布で、これよりも大きな χ^2 が得られる確率は、$\chi^2 > 30.7$ の範囲で式 (1.36) の確率密度分布を積分して、$P(\chi^2 > 30.7) = 0.00016$ と計算されます。この値が p 値です。有意水準を0.05と定めれば、p 値の方が小さいので、この結果から帰無仮説は棄却され、「このモデルじゃダメだ」と結論します。「ほんなら結論できるかどうかは適当に決める有意水準次第やんけ」という感想をもたれたら、それは全くその通りです。あなたが結論を認めさせたい人たちは、どの程度の有意水準なら納得するのか、その閾値を考えて設定するしかありません。

仮説検定では低い確率を理由に帰無仮説を棄却しますが、「確率が低い」ということは「絶対起こらない」という意味ではありません。帰無仮説は棄却されることを期待して設定されましたが、実は本当は帰無仮説が正しかった、というケースはあり得ます。本当は帰無仮説が正しいのに、同じ数のデータの組を100回とれば、5回の頻度で偶然、誤って帰無仮説を棄却してしまうのが、有意水準0.05です。帰無仮説を棄却したいがために同じようなデータを100組取得して有意水準0.05で検定すると、そのうち5組くらいは偶然、帰無仮説を棄却できてしまいます。その珍しい5組だけをとりあげて、対立仮説の正しさを主張しても、そのような検定に意味はありません。

本当は帰無仮説が正しいにもかかわらず、それを誤って棄却してしまう間違いは第1種の過誤と呼ばれます。有意水準0.05の検定は、第1種の過誤が100回のうち5回の頻度で起こることを意味します。第1種の過誤をもっと抑えたいなら、より低い有意水準を設ければ良いのです。仮説検定とは、有意水準によって、この過誤が起こる頻度をコントロールし、対立仮説を主張する自信について定量的な議論を可能にする枠組みといえます。一方、図1.7のケースでは、帰無仮説は棄却できません。しかしこのとき、「帰無仮説の正しさが証明された」とは結論できません。これが検定のややこしい、しかし重要なポイントです。

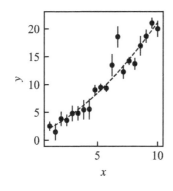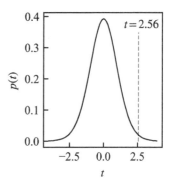

図1.9 回帰係数の t 検定の例

帰無仮説が棄却できる場合。左：データと最適な2次曲線のモデル。右：自由度17の t 分布と、2次の係数 β_3 の最小二乗解から計算される検定統計量 t_3 の値。この結果から帰無仮説である $\beta_3 = 0$ は棄却される。

t 検定と F 検定、仮説検定の非対称性

この点をさらに説明するため、別の例として図1.9のデータを扱います。この y は理論的に x の2次式で表されると予想されており、それを検証する問題を考えます。2次曲線を当てはめるので、

$$y = \beta_1 + \beta_2 x + \beta_3 x^2 + e$$
$$e \sim \mathcal{N}(0, \sigma^2) \tag{1.37}$$

というモデルを用います。そして、帰無仮説を $\beta_3 = 0$ とし、これを棄却して、対立仮説 $\beta_3 \neq 0$ の採用を期待します。

このような正規線形モデルの回帰係数 $\hat{\beta}_i$ が0かどうかを検定したいときは、χ^2 よりも、

$$t_i = \frac{\hat{\beta}_i}{\hat{s}(\beta_i)} \tag{1.38}$$

という検定統計量 t_i が自由度 $N - K$ の t 分布 (t-distribution)：

$$p(t, \nu) = \frac{\Gamma((\nu+1)/2)}{\sqrt{\nu\pi}\Gamma(\nu/2)} \left(1 + \frac{t^2}{\nu}\right)^{-(\nu+1)/2} \tag{1.39}$$

に従うことを用いる t 検定 (t-test) が適しています。ここで、式 (1.38) の右辺は (係数の最小二乗解)/(その標準誤差) で、それぞれ式 (1.19) と式 (1.33) で与えられます。t 分布は元々は標準正規分布に従う変数 z と、それとは独立な自由度 ν の χ^2 分布に従う変数 x があるとき、$t = z/\sqrt{x/\nu}$ が従う確率密度分布です。

t 検定は一般的にはパラメータの推定値が他の値と異なるかどうかを調べたいときによく使われます。今の例では、式 (1.38) の右辺の分子には $(\hat{\beta}_i - 0)$ の 0 が隠されていて、推定値がゼロと異なるかどうかを検定します。t 検定はパラメータが正規分布に従う変数に対して使えます。

図 1.9 のケースでは、2 次の係数の最小二乗解 $\hat{\beta}_3$ は 0.107、標準誤差は 0.0419 となるので、検定統計量 t_3 は 2.56 と計算されます。右図には自由度 $N - K = 20 - 3 = 17$ の t 分布が描かれています。データから得られた t_3 よりも偏った結果になる確率、つまり、式 (1.39) の分布を $t_3 > 2.56$ の範囲で積分して得られる確率は、$P(t_3 > 2.56) = 0.01$ と計算されます。したがって、有意水準 0.05 で帰無仮説 $\beta_3 = 0$ は棄却され、2 次の係数はゼロではない、と結論できます。実際、図 1.9 のデータは $y = 1.0 + x + 0.1x^2$ に正規ノイズを加えて作ったものなので、この結論は正解です。

図 1.10 も同じ 2 次関数からデータを生成していますが、ノイズを大きくして、データの数も減らしました。このデータについて同様に計算すると、2 次の係数の最小二乗解 $\hat{\beta}_3$ は 0.0486、標準誤差は 0.0964、検定統計量 t_3 は 0.50 と計算されます。右図の自由度 7 の t 分布では、$t_3 > 0.50$ となる確率は $P(t_3 > 0.50) = 0.31$ と計算されます。有意水準 0.05 で帰無仮説は棄却できません。

このとき、帰無仮説「y は x の 1 次式で表される」すなわち「x の 2 次の項は不要」と結論してはいけないのが検定の重要なポイントです。図 1.10 のケースで 2 次の効果が検出できなかったのは、データが質・量ともに十分ではなかったからです。本当は対立仮説「y は x の 2 次式で表される」が正しいのに、帰無仮説が正しいと結論すると、誤ってしまいます。

対立仮説が本当は正しいにもかかわらず、帰無仮説が棄却できない間違いは第 2 種の過誤と呼ばれます。統計的仮説検定は有意水準で第 1 種の過誤を

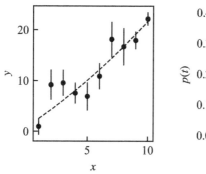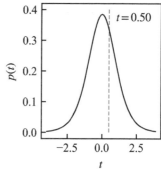

|図1.10| 回帰係数の t 検定において、帰無仮説が棄却できない場合

図 1.9 のデータよりノイズを大きくし、数も減らした。右の t 分布の自由度は 7。データから得られる検定統計量の値 (右図の点線) で確率密度が高いので、帰無仮説は棄却できない。

コントロールできますが、第 2 種の過誤を同様にコントロールする仕組みはありません。帰無仮説が正しいと主張しても、その自信のほどを定量的に議論するための道具がないのです。これは検定の非対称性と呼ばれます。帰無仮説が棄却できないときは判断を保留するのが正しい態度です。

ただし、帰無仮説と対立仮説の双方がそれぞれ 1 つの分布で表現できる単純仮説の場合は、第 2 種の過誤が起こる確率や、帰無仮説が間違っているときに正しく棄却できる確率 (検出力) が定義でき、十分な検出力を得るために必要なサンプル数などが議論できます。

t 検定を紹介したついでに、同様によく使われる **F 検定** (F-test) も紹介しておきましょう。問題は t 検定のときと同じ設定を使います。帰無仮説は $y = \beta_1 + \beta_2 x$、対立仮説は $y = \beta_1 + \beta_2 x + \beta_3 x^2$ ($\beta_3 \neq 0$) とします。帰無仮説と対立仮説、それぞれで最小二乗解と、そのときの χ^2、つまり、χ^2_{null} と χ^2_{alt} が計算できます。このとき

$$F = \frac{(\chi^2_{\mathrm{null}} - \chi^2_{\mathrm{alt}})/(K_{\mathrm{alt}} - K_{\mathrm{null}})}{\chi^2_{\mathrm{alt}}/(N - K_{\mathrm{alt}})} \tag{1.40}$$

という検定統計量 F が自由度 ($K_{\mathrm{alt}} - K_{\mathrm{null}}, N - K_{\mathrm{alt}}$) の **$F$ 分布** (F-distribution) に従います。F 分布には 2 つの自由度 (ν_1, ν_2) があり、確

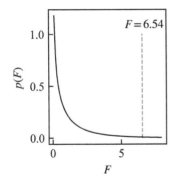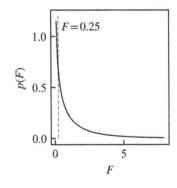

図1.11 モデルの F 検定の例

帰無仮説を1次式、対立仮説を2次式とする。左が図1.9のデータを用いた場合、右が図1.10を用いた場合で、図中には対応する F 分布と、計算された検定統計量 F が示されている。左は有意水準 0.05 で帰無仮説が棄却できるが、右はできない。

率密度関数は χ^2 分布 (式 (1.36)) や t 分布 (式 (1.39)) 同様、ガンマ関数を用いて表されますが、ここでは省略します。これらを用いた仮説検定が F 検定 (F-test) です。K_{null} と K_{alt} はそれぞれ帰無仮説と対立仮説のパラメータ数です。この検定では対立仮説の方がパラメータが多いので、$K_{\text{alt}} - K_{\text{null}} > 0$ です。

　一般に、F 分布は reduced χ^2 の比が従う確率分布です。reduced χ^2 はデータとモデルの残差の分散と解釈できるので、F 検定は分散の違いの有意性を検定したいときによく使われます。また、ここで挙げた例のように、あるモデルに別の項を足して新しいモデルを作ったとき、残差の分散を比較して、その新しい項にどれほど意味があるかを検定したいときにも使われます。t 検定同様、モデルの正規性を仮定しています。

　図1.9と図1.10のデータについて、それぞれ F を計算し、対応する F 分布と比較したものを**図1.11** に示します。帰無仮説は1次モデルで、$K_{\text{null}} = 2$。対立仮説は2次モデルで、$K_{\text{alt}} = 3$。データ数は図1.9では $N = 20$、図1.10では $N = 10$ です。それぞれ最尤解から χ^2_{null} と χ^2_{alt} が得られ、p 値はそれぞれ 0.02、0.63 となります。図1.9のデータでは有意水準 0.05 で帰無仮説が棄却、つまり付け足した2次の項は有意であると結論できます。一

方、図 1.10 のデータでは帰無仮説が棄却できませんが、t 検定の例と同じく、だからといって 1 次式が正しいとは結論できません。

尤度比検定とパラメータの信頼区間

さて、本節の主題である推定値の不定性評価のため、最後にもう 1 つ検定を紹介します。線形でなくても正規分布でなくても、尤度関数が定義できるあらゆる場面に使える**尤度比検定** (likelihood ratio test) です。

あるデータに対してモデルを当てはめ、パラメータの最尤解 $\hat{\boldsymbol{\theta}}$ を推定し、そのときの尤度を $L(\hat{\boldsymbol{\theta}})$ とします。このモデルに対して、$\boldsymbol{\theta}$ のうち ν 個のパラメータを特定の値に固定したモデルを帰無仮説とし、その制約下での最尤解を $\boldsymbol{\theta}'$ とします。これらの尤度の比 Λ の対数を用いた以下の量

$$-2\log\Lambda = -2\log\frac{L(\boldsymbol{\theta}')}{L(\hat{\boldsymbol{\theta}})} \tag{1.41}$$

が尤度比検定の検定統計量です。この量が従う確率分布は、データ数 N が大きくなると、固定したパラメータの個数 ν を自由度とした χ^2 分布に漸近します。帰無仮説の棄却によって、固定したパラメータの値が「その値ではない」と結論します。

この尤度比検定を使って、モデルパラメータの不定性を調べてみましょう。再度、正規線形モデルを考えます。本来なら正規線形モデルでパラメータの不定性を調べるときは t 検定を使う方が簡単ですが、ここではあえて尤度比検定を使います。χ^2 と尤度の関係は、式 (1.34) と式 (1.35) から、

$$L(\hat{\boldsymbol{\theta}}) \propto \exp\left\{-\frac{1}{2}\chi^2(\hat{\boldsymbol{\theta}})\right\} \tag{1.42}$$

$$-2\log L(\hat{\boldsymbol{\theta}}) = \chi^2(\hat{\boldsymbol{\theta}}) + \text{const.} \tag{1.43}$$

が得られます。式 (1.43) の定数項は、式 (1.34) からわかるように、データ数で決まります。このように、正規モデルでは対数尤度の -2 倍が χ^2 に対応します。尤度比検定の検定統計量は

$$-2\log\Lambda = \chi^2(\boldsymbol{\theta}') - \chi^2(\hat{\boldsymbol{\theta}}) = \Delta\chi^2 \tag{1.44}$$

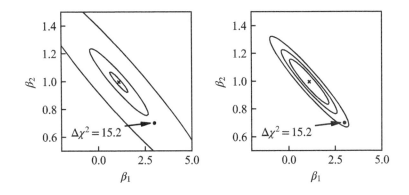

図1.12 $\Delta\chi^2$ の等高線

左は中心から順に、$\Delta\chi^2 = 1, 10, 100$ の線が示されている。例えば、$(\beta_1, \beta_2) = (3.0, 0.7)$ の点では $\Delta\chi^2 = 15.2$ と計算できる。このように様々な (β_1, β_2) で $\Delta\chi^2$ を計算し、等高線を描いている。右は同じ等高線を、信頼水準 90%、99%、99.99% に相当する $\Delta\chi^2 = 4.61$、9.21、18.4 について示している。

となります。つまり、両モデルの χ^2 の差です。

さらに具体的な例として、再度、図 0.1 (p.2) のデータに直線 $y = \beta_1 + \beta_2 x$ を当てはめる問題を考えます。χ^2 は以下で計算できます。

$$\chi^2(\hat{\boldsymbol{\beta}}) = \sum_i \left[\frac{y_i - (\hat{\beta}_1 + \hat{\beta}_2 x_i)}{\sigma_i} \right]^2 \tag{1.45}$$

$\hat{\boldsymbol{\beta}}$ は重み付き最小二乗法の解として式 (1.22) で得られ、$\hat{\boldsymbol{\beta}} = (\hat{\beta}_1, \hat{\beta}_2) = (1.11, 0.99)$、また、$\chi^2(\hat{\boldsymbol{\beta}}) = 5.22$ でした。次に、$\hat{\boldsymbol{\beta}}$ の周辺の $\boldsymbol{\beta}' = (\beta_1', \beta_2')$ に対して、式 (1.45) から $\chi^2(\boldsymbol{\beta}')$ が計算でき、$\Delta\chi^2 = \chi^2(\boldsymbol{\beta}') - \chi^2(\hat{\boldsymbol{\beta}})$ が得られます。様々な $\boldsymbol{\beta}'$ に対して $\Delta\chi^2$ が計算でき、その等高線を描いたものが図 1.12 左です。最小二乗解で $\Delta\chi^2 = 0$ となり、そこから離れていくとともに $\Delta\chi^2$ の値が大きくなっていきます。

さて、いま 2 つのパラメータ (β_1, β_2) を固定しているので、尤度比検定の検定統計量 $\Delta\chi^2$ は自由度 2 の χ^2 分布に従います。例えば $(\beta_1, \beta_2) = (3.0, 0.7)$ の点では $\Delta\chi^2 = 15.2$ ですが、自由度 2 の χ^2 分布では $P(\chi^2 > 15.2) = 0.0005$、つまり、$p$ 値が 0.0005 なので、有意水準 0.01 で帰無仮説、すなわ

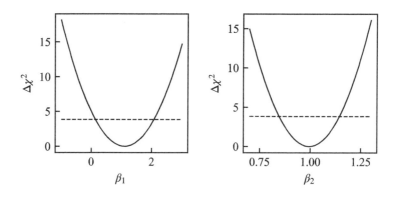

図1.13 **最小二乗解周辺の** $\Delta\chi^2$

左は β_1(切片)、右は β_2(傾き)。自由度 1 の χ^2 分布で 95% 信頼水準に対応する $\Delta\chi^2 = 3.94$ を点線で示している。これより下側が 95%信頼区間。

ち、$(\beta_1, \beta_2) = (3.0, 0.7)$ は棄却されます。

この逆を考えることで、最尤解の不定性を調べられます。例えば、p 値が 0.01 になるときの $\Delta\chi^2$ は 9.21、つまり、$P(\Delta\chi^2 > 9.21) = 0.01$ です。この とき、$\Delta\chi^2 < 9.21$ を満たす領域を $\hat{\beta}$ の 99% **信頼領域** (confidence region) と呼びます。同様に、p 値が 0.05 になるときの $\Delta\chi^2$ の領域なら 95% 信頼領 域です。95%、99% のような値は**信頼水準** (confidence level) と呼ばれ、図 1.12 右には 90%、99%、99.99% 信頼水準に相当する、$\Delta\chi^2 = 4.61$、9.21、 18.4 の等高線を示しています。

図 1.12 のような 2 つのパラメータの同時信頼領域に加えて、β_2 だけに関す る**信頼区間** (confidence interval) も求めましょう。ある値に β_2 を固定した 条件での最大尤度 $L(\beta')$ から $\Delta\chi^2$ を計算します。今度は固定するパラメー タが 1 つなので、$\Delta\chi^2$ は自由度 1 の χ^2 分布に従うことに注意しましょう。 あとは同じように、様々な値の β_2 に対して $\Delta\chi^2$ を計算し、欲しい信頼水 準に相当する $\Delta\chi^2$ の値から信頼区間が得られます。図 1.13 は β_1 と β_2 そ れぞれに対して最尤解周辺での $\Delta\chi^2$ を示しています。双方とも、最尤解 $\hat{\beta}$ で $\Delta\chi^2$ は最小になります。点線で示されている $\Delta\chi^2 = 3.94$ は、自由度 1 の χ^2 分布における 95% 信頼水準に対応します。これよりも $\Delta\chi^2$ が小さい

β_1 もしくは β_2 の区間が 95% 信頼区間で、この例では $\beta_1 = 1.11 \pm 0.95$、$\beta_2 = 0.99 \pm 0.15$ です。

　生成モデルが正規分布でなくても使えるのが尤度比検定の優れたところです。正規線形モデルのときはデータが少なくても検定統計量 $-2 \log \Lambda$ が厳密に χ^2 分布に従います。しかし、一般的にはデータ数が多いときにのみ、この検定統計量が従う分布は χ^2 分布で近似できます。その近似が成り立つほどデータが十分多くなければ、ブートストラップ法を用いて検定統計量の確率分布を経験的に得る方が良いでしょう。手順は以下の通りです。1) 帰無仮説の統計モデルに基づいて擬似データを生成する。2) 擬似データの最尤解から検定統計量のサンプルを 1 つ得る。3) この手順を繰り返して得られる多数の検定統計量のサンプルから、その分布を得る。検定統計量の確率分布さえわかれば、あとは通常の検定の枠組みで議論できます。詳しくは専門書をご覧ください。[3]

　最後に信頼領域の意味について考えます。例えば、95% 信頼区間を $\beta_2 = 0.99 \pm 0.15$ と書くと、0.99 で最大となる、± 0.15 の幅をもった β_2 の確率分布を想像するかもしれません。しかし、信頼区間はそのようなことを意味しません。検定の話を始めてからここまで、パラメータの確率分布という概念は一度も登場していないのです。信頼区間は検定の枠組みを使っています。信頼水準 95% は有意水準 0.05 の裏返しなので、第 1 種の過誤、つまり、真の値が信頼領域の外にある、という不幸が 100 回のうち 5 回の頻度で起こります。これが信頼領域の意味です。データを取るごとに、そこから得られる信頼区間も変わります。ここでは、何度も同じようなデータをとったときに、真の値が信頼区間に入る頻度を考えているのです。

　データが与えられたときのパラメータの確率分布の方が直感的に理解しやすいかもしれませんが、それを手に入れたいと望むなら、第 3 章でベイズの定理を学びましょう。

高次元のモデルへ

2.1 モデルの過適合と汎化性能

パラメータが多いモデルは尤度が高くて良いモデル？

　ここまでの内容を勉強した A 君と B 君に図 0.1 (p.2) のデータを渡し、仮説を立てて最適なモデルを作れ、と指示します。両者とも誤差項に正規分布を使いましたが、A 君は図 2.1 左のように 1 次式を当てはめ、B 君は図 2.1 右のように 8 次式を当てはめました。B 君は A 君の結果を見て「私のモデルの方がデータをよく再現しているから、より良いモデルだ」と主張しました。最尤解での対数尤度は 1 次式だと $\log L = -9.02$、8 次式だと -7.49 と計算できて、たしかに 8 次式の方が尤度は高くなっています。なお、前節は

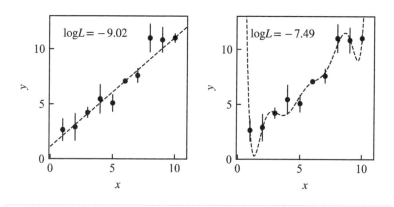

|図 **2.1**|同じデータに 1 次式 (左) と 8 次式 (右) を当てはめた結果
それぞれの対数尤度は -9.02 と -7.49 で、8 次モデルの方が尤度が高い。

表2.1 **8 次式から定数モデルまで、それぞれの係数の t 検定における p 値**

モデル	β_1	β_2	β_3	β_4	β_5	β_6	β_7	β_8	β_9
8次	0.283	0.713	0.287	0.712	0.290	0.709	0.293	0.705	0.296
7次	0.373	0.608	0.388	0.611	0.390	0.609	0.392	0.608	
6次	0.412	0.531	0.461	0.534	0.471	0.521	0.488		
5次	0.313	0.559	0.398	0.616	0.365	0.655			
4次	0.371	0.201	0.765	0.193	0.828				
3次	0.079	0.510	0.211	0.777					
2次	0.053	0.006	0.294						
1次	0.012	10^{-7}							
定数	10^{-6}								

正規モデルで χ^2 を使いましたが、本節ではより一般的な対数尤度を使います。対数尤度と χ^2 の関係は式 (1.43) (p.32) をご覧ください。さて、あなたは B 君の主張をどう思いますか？

　説明変数が増えてモデルが多くのパラメータをもつ高次元の問題になると、こういった事態が発生します。モデルを複雑にすればするほどデータへの適合度は上がります。でもなんかおかしいですよね？ 実際、このデータは 1 次式から作ったものなので、B 君の主張は間違っているわけです。でも、どう説明すれば B 君は納得してくれるでしょうか。

　前章で扱った t 検定をしてみましょう。切片項、x、x^2、$\cdots$、x^8 の各係数 β_1、β_2、$\cdots$、β_9 に関して、それぞれがゼロであるという帰無仮説のもとで、t 検定の p 値を係数ごとに計算します。表 2.1 の最上段がその結果です。最も高い次数である x^8 の係数 β_9 では p 値は 0.296 ですから、これは例えば有意水準 0.05 で $\beta_9 = 0$ を棄却できません。したがって 8 次の項が必要かどうか、判断は保留。7 次の係数 β_8 も同様に保留。6 次も、5 次も……あれ？ 1 次の係数 β_2 も切片 β_1 もゼロを棄却できない？ 結局、この検定結果から何がいえるのでしょうか？

　ちょっと落ち着いて、次数が低い単純なモデル、つまり表の下の方から見ていきましょう。まずは最もパラメータが少ない定数モデル ($y = \beta_1$) です。帰無仮説 $\beta_1 = 0$ に対する p 値は 10^{-6} とすごく小さい値なので、有意水準

0.05 で帰無仮説は棄却できます。つまり、ゼロではない定数が必要と結論できます。次に、その 1 つ上の 1 次モデル $(y = \beta_1 + \beta_2 x)$ の結果を見ましょう。やはり β_1、β_2 ともに p 値が小さいので、有意水準 0.05 でゼロではない切片とゼロではない傾きが必要と結論できます。さらにその上、2 次モデル $(y = \beta_1 + \beta_2 x + \beta_3 x^2)$ の結果を見ると、2 次の係数 β_3 の p 値は 0.294 なので、有意水準 0.05 で帰無仮説は棄却できません。したがって、2 次の項 x^2 が必要とはいえず、判断は保留です。

でも同時に 2 次モデルの β_1 も p 値が 0.053 と大きくなってしまいました。これだと有意水準 0.05 ではギリギリ帰無仮説が棄却できません。1 次モデルのときはゼロではない切片が必要と結論できたのに、今回はできませんでした。矛盾しています。3 次以降では、直線の傾き β_2 を含め、全ての係数の p 値が有意水準 0.05 よりも大きくなります。こんな矛盾を含んだ結果から、8 次式は良くない、と B 君を説得できるでしょうか。

このような結果になってしまったのは説明変数間に相関がある**多重共線性** (multicollinearity) の問題が生じているためです。x が大きくなれば切片項以外のどの項も大きくなって、どの説明変数を使ってもそれなりにデータを再現できてしまいます。今は次数が低いほど単純、という明らかな順番が説明変数間に存在しています。定数モデル、1 次モデル、2 次モデル、と次数が低い順に検定の結果を見て、2 次モデルの係数 β_3 の p 値が大きくなった時点で、他の係数は見ずに、1 次が妥当と結論するのが適切な態度です。しかし、一般的な高次元のモデルで常に説明変数間に明確な順番があるとは限りません。そのような場合、t 検定の結果に対しては慎重な検討が肝要です。F 検定も同様です。一度に多くのパラメータを追加したモデルの有意性を検定すると、どのパラメータが重要なのか、わかりにくくなります。

別のデータを説明できるか

B 君を説得するために別のアプローチを考えましょう。図 2.1 をもう一度よく見ると、B 君の 8 次モデルは測定値を正確に再現していますが、この測定値はランダムな誤差を含んでいるはずです。ランダムな誤差の値がノイズとしてデータに加わっていて、ノイズまで再現するモデルに価値はありません。B 君のモデルはノイズを含んだデータに対して過剰に適合しているので

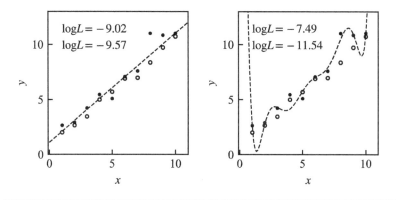

図2.2 図2.1と同じ統計モデルから生成された別データ(白丸)

元データが黒丸。点線が元データに対する1次の最尤モデル(左)と8次の最尤モデル(右)。元データに当てはめた複雑なモデルは新しいデータで尤度が大きく下がる。

す。別の値のノイズが乗ったデータにはむしろ尤度が下がるのではないでしょうか。

今は真のモデルが平均 $x + 1.0$ と既知の分散 σ^2 をもつ正規分布だとわかっています。この分布に従う正規乱数を使えば、同じようなデータの組はいくらでも作れます。試しに別のデータ1組を作ったものを図2.2に示します。黒丸が元のデータ、白丸が新しいデータです。元のデータに対する最尤モデルと新しいデータから計算される対数尤度は、1次のモデルでは $\log L = -9.57$ なので、元の対数尤度を引くと $\Delta_{\log L} = -0.55$ 悪化。8次のモデルでは $\log L = -11.54$ なので $\Delta_{\log L} = -4.05$ 悪化です。

予想通り、8次のモデルは1次のモデルと比べて対数尤度が大きく悪化しました。つまり、モデルがノイズまで再現して、データに過剰に適合していたため、新しいデータに対しては尤度が大きく下がったのです。私たちが欲しいモデルは同じようなデータに対して常に高い性能をもつモデルです。特定のデータにだけよく適合して、他のデータでは役に立たないモデルは要りません。だからB君のモデルよりA君のモデルの方が良いのです。

「偶然だ!」とB君が叫びました。ぐにゃぐにゃ曲がった8次式が本当は正しいのに、それにノイズが乗って、たまたま直線上に揃ったデータになり、

だから1次式モデルがたまたま当てはまった、というわけです。そこで、同じ手順を100回繰り返し、対数尤度を100個得て、その平均を計算しましょう。それで、たまたま直線上に揃うような極端なケースの影響は抑えられます。すると、1次モデルの平均対数尤度が $E(\log L) = -11.68$、8次モデルが $E(\log L) = -13.07$ と計算されました。元の対数尤度と比較して、1次モデルでは $\Delta_{\log L} = -2.66$、8次モデルでは $\Delta_{\log L} = -5.58$ の悪化です。やはり依然として8次モデルの方が新しいデータに対して対数尤度が悪化します。

　「そもそも最初のデータが偶然8次モデルに不利なデータだっただけだ！」と再びB君が主張しました。しつこいB君に次第にイライラしてきますが、たしかにそういうこともあるかもしれません。そこで、これまでやってきた計算を新たなデータで1万回繰り返します。つまり、真のモデルからデータを1組生成して、1次式、8次式でそれぞれ最尤解を求め、その最尤解を別のデータ100組に使って平均対数尤度を1つ計算します。これを1万回繰り返せば、対数尤度の差 $\Delta_{\log L}$ が1万個得られ、その分布が図 2.3 です。元データに依存して $\Delta_{\log L}$ はばらつきますが、それでも系統的に1次モデルよりも8次モデルの方が $\Delta_{\log L}$ が小さくなっています。

　やはり、8次モデルの最尤解は元データに過剰に適合していて、1次モデ

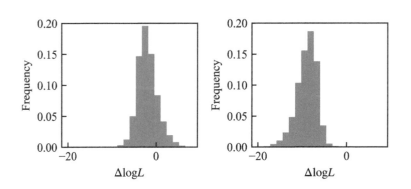

図 2.3｜元データの最尤解の対数尤度と平均対数尤度の差の分布
左が1次モデルで右が8次モデル。値が小さいほど元データの最尤解はモデルの良さを過大評価していたことを意味する。

ルと比べて本来のモデルの性能をより過大評価しているのです。言い換えれば、データに対する最大尤度でモデルの性能を測るとバイアスがかかり、そのバイアスはパラメータが多いほど大きくなるのです。B 君にはこれで納得してもらいましょう。ところで、$\Delta_{\log L}$ の分布の平均はパラメータが 2 個の 1 次モデルで約 -2、パラメータが 9 個の 8 次モデルで約 -9 です。あれ？なんだかパラメータの個数とピッタリですね。

過適合、モデルの汎化性能、AIC

この例からわかるように、高次元の問題では尤度が大きいモデルはノイズを含んだデータを過剰に再現してしまう**過適合** (over-fitting) が問題となり、良いモデルにはなりません。データに対してモデルが単純すぎると尤度が低くなりますが、複雑すぎても過適合になります。適度な複雑さのモデルを選ばなければならないこの問題は**モデル選択** (model selection) の問題と呼ばれます。

1970 年代初め、日本の統計学者である赤池弘次はモデルの評価規準として以下の **AIC** (Akaike Information Criteria、**赤池情報量規準**) を導出しました。

$$\mathrm{AIC} = -2(\log L(\hat{\boldsymbol{\theta}}) - K) = -2\log L(\hat{\boldsymbol{\theta}}) + 2K \qquad (2.1)$$

最初の項は最尤解 $\hat{\boldsymbol{\theta}}$ での対数尤度、つまり、最大対数尤度です。符号がマイナスなので、AIC が小さいほど良いモデルです。2 つ目の項がバイアスの補正項で、赤池は一般的に $\Delta_{\log L}$ がデータ数が多いときに K で近似できることを示しました。第 1 項が同じ値なら、パラメータがより少ないモデルの方が AIC は小さくなり、良いモデルと判断できます。

AIC は、「良いモデル」とは新しいデータを良く**予測** (prediction) するモデルである、という考え方に基づいて導出されました。そのようなモデルの性能は**予測性能** (prediction performance)、もしくは**汎化性能** (generalization performance) と呼ばれます。この考え方は最尤法による「推定」や「検定」とは全く異なる概念です。前章で扱った仮説検定では帰無仮説が棄却できないときには何も判断できませんでした。AIC のような情報量規準を用いたモデル選択にはそのような非対称性はないので、複数のモデルの中から最良の

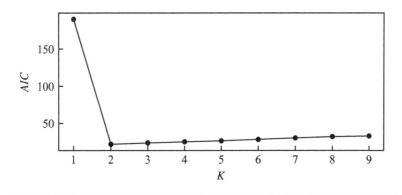

図2.4 図 2.1 のデータに 0 次から 8 次までの多項式を当てはめたときの AIC

$K = 2$、すなわち 1 次 (直線) モデルが最適と判断できる。

モデルを判断できます。

　再び図 2.1 のデータに対して定数モデル (0 次) から 8 次までの多項式モデルのうち最適なモデルを選択する問題を考えます。図 2.4 はパラメータの数に対する AIC の変化を示しています。パラメータ数 $K = 2$、つまり 1 次モデルのときに AIC が最小となっています。したがって、AIC によって正しいモデルが選択されました。

　しかし、実は真のモデルと AIC 最小のモデルが一致したのはたまたまで、AIC はたとえデータが無限に使えても真のモデルを当てるとは限りません。これは AIC が、真のモデルの「推定」が目的ではなく、新しいデータを「予測」する性能を最大化する目的で導出されたからです。この性質もあり、AIC 以降、様々なモデル選択の規準が提案され、現在も研究が続いています。

　また、図 2.4 の例では、2 次のモデルで $\beta_3 = 0$ にすれば 1 次のモデルになる、といったような、モデル間の包含関係があります。AIC はそのような包含関係にある複数のモデルの中に真のモデルが含まれる前提で導出されています。したがって、全く関数形が異なるモデルを比較すると、その数理的な根拠は失われます。

交差検証

　B 君を説得したときのように、真のモデルがわかっていれば、多数のデータを生成してモデルの汎化性能が測れます。しかし、現実には手元にあるデータが全てです。AIC のような情報量規準はそのデータだけからモデルの汎化性能の指標を与えてくれます。ここからは情報量規準とは別の評価方法としてよく使われる**交差検証** (cross-validation: CV) を紹介します。

　交差検証のイメージを図 2.5 に示します。図中の上のデータに対して、0 次式から 8 次式までの中から適当なモデルを選択する問題を考えます。まず、手元のデータを**訓練用データ** (training data) と**検証用データ** (validation data) にランダムに分けます。図では赤点で表されているのが検証用データで、それ以外が訓練用データです。そして訓練用データに対してモデルを当てはめ、そのモデルと検証用データから評価関数、例えば MSE (平均二乗誤差、式 (1.13)、p.14)、を計算して予測誤差の指標とします。新しいデータは手に入らないので、最初に一部を隠しておいて、あとで新しいデータが手に入ったふりをするわけです。

　しかし、これでは訓練用データと検証用データの分け方次第で結果が変わってしまいます。そこで **k 分割交差検証法** (k-fold CV) ではデータを k 個に分割し、$k-1$ 個を訓練用に、残り 1 個を検証用とします。k 組の検証用データから k 個の MSE が得られ、その平均をとれば、より良い予測誤差の指標、**交差検証誤差** (cross-validation error: CVE) が得られます。図 2.5 右下にモデルパラメータの数に対する CVE を示しています。$K=3$、すなわち 2 次のモデルで CVE 最小となっています。実際にデータは 2 次式で生成したので、交差検証法が正解を当てています。

　k 個の MSE から、その平均とともに標準誤差も計算できます。図 2.5 の右下に誤差棒として表示しているのが標準誤差です。CVE 最小は $K=3$ ですが、標準誤差を考えると $K>3$ のモデルも CVE が悪くないように見えます。多項式を当てはめる問題では、同程度の CVE なら次数が低いほど単純なモデルなので、$K=3$ を選択するのは妥当でしょう。一般には、CVE が最小のモデルは複雑すぎるモデルになりがちです。そのようなときは CVE 最小モデルから 1 標準誤差 (図 2.5 右下の破線) 以下に収まる最も単純なモデ

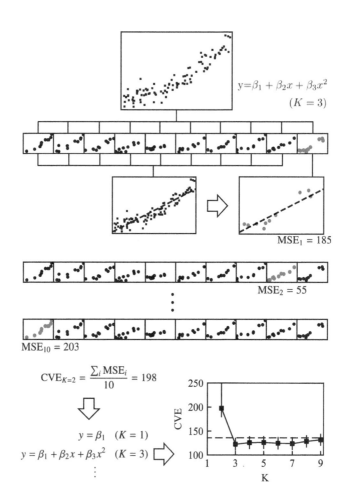

$$y = \beta_1 + \beta_2 x + \beta_3 x^2$$
$$(K = 3)$$

MSE$_1$ = 185

MSE$_2$ = 55

MSE$_{10}$ = 203

$$\text{CVE}_{K=2} = \frac{\sum_i \text{MSE}_i}{10} = 198$$

$$y = \beta_1 \quad (K = 1)$$
$$y = \beta_1 + \beta_2 x + \beta_3 x^2 \quad (K = 3)$$

図 2.5 10 分割交差検証のイメージ
上のデータに対して、0~8 次式の中から最適なモデルを選択する。

ルを選択することもあります (one-standard-error rule)。CVE 最小のモデルと、one-standard-error rule で選ぶモデル、どちらが良いモデルなのかは問題ごとによく検討しましょう。

　k 分割交差検証法では k は 10 程度が使われます。データが少ないときは

$k = N$、つまり、データから 1 つのサンプルだけを検証用として抜いて、残り $N - 1$ 個のデータを訓練用とします。MSE のような評価関数の値は N 個得られます。これは特に **1 個抜き交差検証** (leave-one-out cross-validation: LOOCV) と呼ばれます。例えば、10 分割交差検証ならデータがたくさんあっても 10 回の計算で済みます。その反面、乱数を使ってデータを 10 分割すると、試行ごとに結果が変わる可能性があります。LOOCV にはそのような心配はありません。ただし、$N = 1000$ なら LOOCV では 1000 回の計算が必要です。データが少ないときに限らず、計算時間さえ許せば、LOOCV では安定した結果が得られます。

本書で最も重要なセクションを 1 つ挙げよ、と問われたら、私は本節、つまり、2.1 節だと答えるでしょう。その理由は、情報量規準や交差検証といった便利なツールを紹介しているから、ではありません。汎化性能や過適合といった、より普遍的な概念の理解こそが、本書を通して重要だと考えるからです。高次元のモデルを扱うときは、過適合になっていないか、モデルの汎化性能を適切に測れているか、常に意識しましょう。

2.2 最適化と局所解

最適化アルゴリズム

一般的に、モデルをデータに当てはめる作業、つまり、**最適化** (optimization) は、尤度関数のような目的関数を最大化もしくは最小化するパラメータの探索と等価です。しかし、これが解析的に達成できる正規線形モデル (1.2 節) のようなケースは稀です。また、たとえ正規線形モデルでもデータの数 N とパラメータの数 K が数万を超えてくると、N 行 K 列の行列は 10^8 以上の要素をもち、計算機上の扱いが難しくなります。では、どのようにして最適化すれば良いのでしょうか。

本書ではこれまでその方法について具体的には示してきませんでした。パラメータの数が少なければ、第 0 章で見たように、可能性のあるパラメータ空間をくまなく探索して、最適解やその不定性など、知りたい情報が全て手に入ります。そして高次元の問題ではそれが計算時間的に難しくなるのは既に

述べました。全探索せずに効率良く最適解を探す計算アルゴリズムが必要です。それがなければ、どれほど良いモデルを作っても「絵に描いた餅」です。

そんな大切な最適化ですが、本書ではこの節で簡潔に紹介するだけに留めます。手法のアイデアと実践例をなるべく多く紹介することに重点を置きたいからです。第5章以降で紹介する手法には、その手法の特性に合わせてそれぞれ高効率な最適化アルゴリズムが研究・開発されています。既存のツールを使わずに、最適化も含めて自分でプログラムを書きたい方は、ごめんなさい、それぞれの専門書をご覧ください。以下では最適化の基本とキーワードだけを列挙します。

あなたは下に凸な目的関数 $f(\boldsymbol{\theta})$ というクレーターの淵に立っていて、クレーターのどこかにある谷底を探さないといけません。目的関数は、例えば、負の対数尤度関数 $f(\boldsymbol{\theta}) = -\log L(\boldsymbol{\theta})$ です。直感的には、クレーターの斜面を滑り落ちれば良いでしょう。止まったところが谷底です。これは関数の勾配を利用する方法で、**勾配法** (gradient method) と呼ばれます。図 2.6 は勾配法の模式図です。最初に適当な $\boldsymbol{\theta}_0$ を選び、その場所での目的関数 $f(\boldsymbol{\theta})$ の負の勾配 $-\nabla f(\boldsymbol{\theta})$ 方向に $\boldsymbol{\theta}_1 = \boldsymbol{\theta}_0 - \eta \nabla f(\boldsymbol{\theta}_0)$ まで進みます。ここで η は1回に進むステップ幅です。$\boldsymbol{\theta}_1$ から $\boldsymbol{\theta}_2$、$\boldsymbol{\theta}_2$ から $\boldsymbol{\theta}_3$、と繰り返し斜面を転がり落ちていけば、お目当ての谷底 $\hat{\boldsymbol{\theta}}$ に到達できます。勾配 $\nabla f(\boldsymbol{\theta})$ が解析的に得られるなら計算が楽ですが、そうでなくても数値微分して勾配を得るのは難しくありません。目的関数が微分不可能な特殊な関数なら単純な勾配法は使えません。

図 2.6 だと少し回り道をして谷底に到達しているので、より効率の良い探索を工夫できそうに思えます。勾配法をはじめ、他の多くの最適化アルゴリズムはこのように繰り返し何度も目的関数を反復計算するため、できるだけ少ない回数で最適解にたどり着きたいものです。勾配法ではステップ幅 η などを工夫して、$\nabla f(\boldsymbol{\theta})$ をどう利用するかで効率が決まります。上で紹介したものが最もシンプルな手法で**最急降下法** (steepest descent method)、2次の微分まで利用した**ニュートン法** (Newton's method)、勾配の直交する方向も利用して、なるべく谷底へ真っ直ぐ落ちようとする**共役勾配法** (conjugate gradient method)、などが知られています。

他の最適化や関連するキーワードについて、有名なものと本書で触れるも

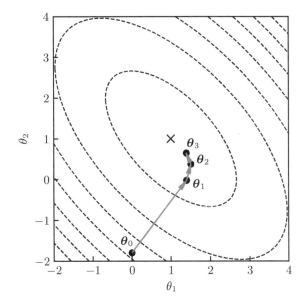

図2.6 最急降下法による最適化のイメージ
全てのパラメータでの目的関数を計算すれば、等高線が描けて、最適な解が得られるが、それは計算時間がかかり現実的ではない。そこで、目的関数の勾配方向に少しずつ進み、最適解に到達する。

のを中心に列挙しておきます。詳しく知りたい方はそれぞれの専門書をご覧ください。

線形計画法 (linear programming: LP) と2次計画法 (quadratic programming: QP) パラメータに、例えば、負の値はとらない、など、線形関数の等式や不等式で表現できる制約条件があるときに、LPやQPの問題形式がよく使われます。LPは1次 $a^T\theta$、QPは2次 $\frac{1}{2}\theta^T A\theta + a^T\theta$ の目的関数を対象とします。LPもQPも汎用性が高く、シンプレックス法や内点法といった、高次元の問題でも速い最適化アルゴリズムが研究されています。6.4節で扱うサポートベクトルマシンは2次計画法の問題です。

ラグランジュの未定乗数法 θ について $f(\theta) = 0$ という等式の制約や、

$f(\boldsymbol{\theta}) < 0$ といったような不等式の制約のもとで、$g(\boldsymbol{\theta})$ を最小化したいとき、1 つの目的関数 $g(\boldsymbol{\theta}) + \lambda f(\boldsymbol{\theta})$ を設定する方法です。新たな変数 λ がラグランジュの未定乗数です。本書では第 5、第 6 章で使われます。

EM アルゴリズム 最尤推定でよく使われる最適化アルゴリズムです。潜在変数を導入し、i 番目のステップで潜在変数周りの対数尤度の期待値 $Q(\boldsymbol{\theta}, \boldsymbol{\theta}_i)$ を計算する「Expectation step」(E-step) と、$Q(\boldsymbol{\theta}, \boldsymbol{\theta}_i)$ を最大にする $\boldsymbol{\theta}$ を探して $\boldsymbol{\theta}_{i+1}$ にする「Maximization step」(M-step) を繰り返して、最尤解を得ます。第 3 章のベイズモデルにおける MAP 推定でも使われます。

遺伝的アルゴリズム 生物の進化を模倣した最適化アルゴリズムです。パラメータ空間内の複数の点 $\{\boldsymbol{\theta}_1, \boldsymbol{\theta}_2, \cdots, \boldsymbol{\theta}_N\}$ に対して、データとの適合度が高いものだけを残し、さらに残った「個体」間で要素を交換する「交叉」や、乱数で置き換える「突然変異」を起こして、次の「世代」を生成します。うまく世代交代を繰り返せば最適解に到達でき、後述の局所解も避けられます。

大域解と局所解

さて、クレーターの斜面を転がり落ちて谷底に到達して喜んだあなたは、谷底からまだクレーターの淵に立っている同僚を見上げます。同僚は何か叫んでいます。「後ろにもでかいクレーターがある！」……あなたが今いる場所は本当の谷底なのでしょうか？

正規線形モデルを最小二乗法で解くとき、式 (1.15) (p.15) からわかるように、目的関数は $\boldsymbol{\theta}$ の 2 次関数になっています。つまり、$N > K$ で $\boldsymbol{X}$ がフルランクなら、目的関数は下向きに「凸」の形をしていて、それを最小にする $\boldsymbol{\theta}$ はただ 1 つの極値だけです。このように、目的関数が制約条件も含めて凸の形をしていて、最適解が 1 つに決まる問題は最適化がとても楽になり、**凸最適化問題** (convex optimization problem) と呼ばれます。

大変なのは凸でない問題です。図 2.7 は目的関数の模式図で、縦軸横軸はパラメータを表しています。左が凸の問題です。勾配法で斜面を落ちていけば正解に辿り着けます。中央の図には谷がいくつもあります。浅い谷と深い谷があるときは、深い谷こそが目指す谷底＝**大域解** (global solution) と考

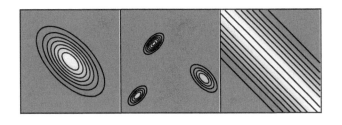

図2.7 様々な目的関数

左は最適解が 1 つに決まる。中央は大域解の他に局所解が、右は無限に解が存在する。
中央や右の場合は勾配法で最適化すると初期値に依存して結果が変わる。

え、浅い谷は偽物の**局所解** (local solution) と思えば良いでしょう。しかし、
同じような深さの谷ばかりのときは大域解は 1 つに決められません。そのと
きは複数の解を全て平等に検討するのが良いでしょう。

図 2.7 右では谷底が 1 点に決まらず、無限に存在します。これも最適解が
1 つに決まらない問題です。例えば $y = (\beta_1 + \beta_2)x$ のようなモデルを立てて
β_1 と β_2 をそれぞれ推定しようとすると右図のような結果になるでしょう。
「それはモデルがアホなんや」と指差して笑えるのはモデルが低次元だからで
す。モデルが高次元になったときに、いくつかのパラメータの組で似たよう
な状況になってしまい、それに気づけないかもしれません。つまり、前節で
も登場した多重共線性の問題です。

目的関数が図 2.7 中央や右のようなとき、勾配法のような最適化アルゴリ
ズムでは初期値次第で得られる解が変わってしまいます。凸の問題である保
証がないとき、局所解が存在する可能性があるときは、様々な初期値から出
発しても同じ解に収束することを確認しないといけません。初期値を変える
と違う解に収束するのであれば、局所解に捕まっている可能性があります。
たとえ数通りの初期値を試して全て同じ解に収束したとしても、特に高次元
の問題では、それで漏れなく局所解を探索できた保証にはなりません。

局所解に捕まらずに大域解を探すための最適化アルゴリズムも様々に提案
されています。勾配の計算にデータを少しずつ使う確率的勾配降下法は第 8
章で扱うニューラルネットワークでよく用いられます。第 4 章では局所解も
大域解も効率良くサンプリングするレプリカ交換モンテカルロ法を紹介して

います。これに関連する最適化手法としてシミュレーテッドアニーリングが挙げられます。第 7 章で紹介するベイズ最適化も局所解を避けられる手法として知られます。しかし、いずれの手法も、あらゆる問題で間違いなく大域解を当てる保証はありません。

ベイズモデリング

3.1 モデルパラメータを確率変数に

理想と現実

「いや、でも実際のデータはそんなに綺麗じゃないんですよね」

第 1 章で扱った単純なモデルを自分のデータに使おうとして、そういう感想をもった人は多いのではないでしょうか。

例えば、苦労して手に入れた (x, y) のデータから図 3.1 左の散布図が描けたとしましょう。y の値は同じ条件で何度も測定したデータの平均値であり、その標準誤差を測定誤差としています。以前から x と y には比例関係があると予言されていて、実際に検出できそうなデータが得られたのはこれが初めてでした。あなたは直線 $y = \alpha + \beta x$ を当てはめて、その傾き β と切片 α をきっちり求め、それらの不定性も評価して、論文に載せようと考えます。

$y_i \sim \mathcal{N}(\alpha + \beta x_i, \sigma_i^2)$ というモデルで尤度を定義し、式 (1.22) (p.17) の重み付き最小二乗法で最適解を求め、χ^2 分布を使ってモデルの適合度を調べました。すると、p 値は 6×10^{-9} と計算され、有意水準 0.01 でモデルが棄却されてしまいました。α と β の信頼区間も計算はできますが、そもそもモデルがデータに合っていないと判断されてしまったので、得られた信頼区間には説得力がありません。困りました。

これは第 1 章の図 1.3 右 (p.16) の問題と同じ状況です。このとき、測定誤差を 2 乗して正規分布の分散にしてはいけないと、第 1 章で述べました。モデルはデータが $\alpha + \beta x_i$ の周りに分散 σ_i^2 だけばらつく状況を表していますが、実際のデータはそれよりも大きくばらついているのです。実際のデータ

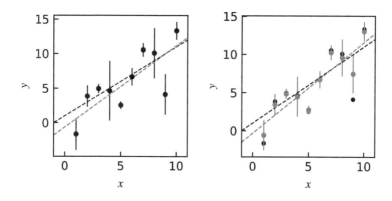

図 3.1 尤度関数である正規分布の標準偏差を測定誤差と考えるとデータが過剰にばらついてしまう例

左：データと真のモデル (黒点線)。赤点線は重み付き最小二乗法で推定したモデル。右：階層ベイズモデルで推定した結果。赤点は各 x_i における μ_i の事後分布の平均値と標準偏差。赤点線は最適なモデル。詳細は本文参照。

が単純なモデルでは表現できない例です。

　では、どうすれば良いのでしょうか？　上で示したデータと測定誤差に関する知識からモデルを $y_i \sim \mathcal{N}(\mu_i, \sigma_i^2)$ と考えるのは妥当でしょう。問題は μ_i が $\alpha + \beta x_i$ そのものではなく、ゼロでない成分 $\varepsilon_i = \mu_i - (\alpha + \beta x_i)$ が存在することです。この ε の性質は、例えば常に同じ値をとる場合 ($\varepsilon_i = \mathrm{const.}$) や、$x_i$ の関数になる場合 ($\varepsilon_i = f(x_i)$) など、様々な状況が考えられます。ここでは ε_i も $\mathcal{N}(0, \delta^2)$ のサンプルとしましょう。つまり、y_i が以下の 2 段階で生成されるモデルを考えます。

$$p(y_i|\mu_i) = \frac{1}{\sqrt{2\pi\sigma_i^2}} \exp\left\{-\frac{(y_i - \mu_i)^2}{2\sigma_i^2}\right\} \tag{3.1}$$

$$p(\mu_i|\alpha, \beta, \delta) = \frac{1}{\sqrt{2\pi\delta^2}} \exp\left\{-\frac{(\mu_i - (\alpha + \beta x_i))^2}{2\delta^2}\right\} \tag{3.2}$$

まず式 (3.2) の分布に従って (α, β, δ) から μ_i が生成され、次に式 (3.1) の分布に従って μ_i から y_i が生成されます。

ベイズの世界

これまでのモデルとは大きく異なり、このモデルはパラメータ μ_i を確率変数と考えています。第1章で扱ったモデルでは、データ y_i は正規分布など確率分布からのサンプル、つまり確率変数であると考えました。一方で、例えば直線当てはめの問題において、尤度関数とした正規分布の平均値 μ_i は α、β、x_i を与えれば $\alpha + \beta x_i$ という値に決まる量であり、確率変数ではありませんでした。本章で扱う**ベイズ統計** (Bayesian statistics) ではモデルパラメータも確率変数と考えます。式 (3.2) は μ_i の**事前確率分布** (prior probability distribution) と呼ばれます (詳しくは次節)。パラメータを確率変数とみなせば、現実世界にあるデータの生成過程をより柔軟にモデリングできるようになります。

ベイズモデルの別の特徴はデータからパラメータの**事後確率分布** (posterior probability distribution) が得られることです。これまではデータからパラメータの真の値を推定し、その信頼区間を計算しました。それらはパラメータの確率分布を表すものではなく、信頼区間の解釈は直感的なものではありませんでした。詳しくは次節で述べますが、パラメータを確率変数とみなすベイズモデルでは、データによって決まるパラメータの確率分布を推定できます。特にその分布が非対称なときや局所解をもつときは、パラメータの最尤解とその信頼区間を示すよりも、分布全体を示す方が有益でしょう。

さて、図 3.1 のデータと式 (3.1)、(3.2) のモデルに戻りましょう。モデルパラメータは 10 個のデータに対応する $\mu_1, \cdots, \mu_{10}$ と、α、β、δ です。パラメータを確率変数とみなすなら、μ_i の事前分布を式 (3.2) で与えたように、α、β、δ の事前分布 $p(\alpha)$、$p(\beta)$、$p(\delta)$ も与えなければなりません。これらについては特に制約がないので、幅の広い正規分布 $\mathcal{N}(0, 100)$ を事前分布としましょう。ただし、δ には非負の制約を課します。

これらの確率分布の推定方法は次節以降で述べるとして、ここでは結果だけ紹介します。図 3.2 は α、β、δ の事後確率分布を示しています。元々のデータは $(\alpha, \beta, \delta) = (1.0, 1.0, 3.0)$ と設定して生成したものでした。推定した事後分布はいずれも正解付近で高い確率になっているので、悪くない結果です。図 3.1 右には μ_i の事後分布の平均と標準偏差を赤い点と誤差棒で示し

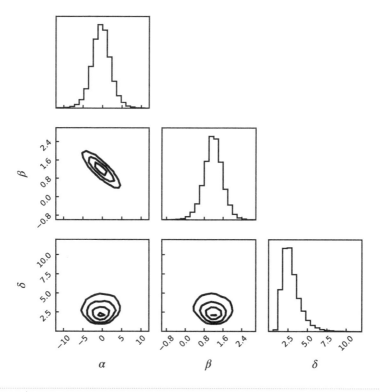

| 図 3.2 | (α, β, δ) **の事後確率分布**
対角線上の図が左上からそれぞれ α、β、δ の周辺事後確率分布。それ以外の図の等高
線は 2 つのパラメータの同時確率分布。

ています。

　本節で例として示したモデルは $(p(\alpha), p(\beta), p(\delta))$ から (α, β, δ)、次に
$p(\mu_i | \alpha, \beta, \delta)$ から μ_i、最後に $p(y_i | \mu_i)$ から y_i、という 3 つの階層で構成
されています。このようなモデルは**階層ベイズモデル** (hierarchical Bayes
model) と呼ばれます。データの階層的な生成過程をモデリングできるので、
データの背後にある知識を有効活用して、オリジナルの特注モデルを作りや
すいことが階層ベイズモデルの利点といえるでしょう。現実のデータ解析で
よく遭遇する問題、例えば、説明変数 x_i に測定誤差がある問題や、外れ値を
除いて推定したい問題なども、この手法で扱えます（例えば文献 [4]）。

本章では次節でベイズモデルの数理について知っておくべき知識と用語を説明し、その後、簡単な具体例を通してベイズモデルの考え方についてさらに理解を深めていきます。

3.2 ベイズの定理

条件付き確率とベイズの定理

事象 A と B、それらが起こる確率 $p(A)$、$p(B)$ を考えます。今更感もありますが、事象というのは「サイコロを振って 1 の目が出ること」「正規分布に従うサンプルからデータ $\boldsymbol{y} = \{y_1, y_2, \cdots, y_N\}$ が得られること」「確率分布 $p(\boldsymbol{\theta})$ に従うモデルパラメータの値が $\boldsymbol{\theta}'$ であること」などです。

A と B が両方起こる確率、すなわち同時確率を $p(A, B)$ と書きます。このとき、B が起きた前提で A が起こる確率、すなわち**条件付き確率** (conditional probability) $p(A|B)$ は以下のように定義されます。

$$p(A|B) \equiv \frac{p(A, B)}{p(B)} \tag{3.3}$$

ただし、$p(B) \neq 0$ とします。B が起こる確率 $p(B)$ と、B が起きた上で A が起きる確率 $p(A|B)$ を確率の乗法定理に従って掛け算したものが同時確率 $p(A, B)$ ですから、これはわかりやすい自然な定義です。

同じように、A が起きた前提で B が起きる条件付き確率は $p(B|A) = p(A, B)/p(A)$ です。すると、$p(A, B) = p(B|A)p(A) = p(A|B)p(B)$ なので、以下の**ベイズの定理** (Bayes' theorem) が得られます。

$$p(A|B) = \frac{p(B|A)p(A)}{p(B)} \tag{3.4}$$

前章までで慣れ親しんだデータ $\boldsymbol{y}$ とモデルパラメータ $\boldsymbol{\theta}$ を用いてベイズの定理を書き直します。$\boldsymbol{y}$ だけでなく $\boldsymbol{\theta}$ も確率変数だとすると、$\boldsymbol{y}$ が得られたときの $\boldsymbol{\theta}$ の条件付き確率は以下で表されます。

$$p(\boldsymbol{\theta}|\boldsymbol{y}) = \frac{p(\boldsymbol{y}|\boldsymbol{\theta})p(\boldsymbol{\theta})}{p(\boldsymbol{y})} \tag{3.5}$$

この式で登場する確率を 1 つずつ見ていきましょう。

まず左辺の $p(\boldsymbol{\theta}|\boldsymbol{y})$ は前節で既に述べたパラメータ $\boldsymbol{\theta}$ の事後確率分布です。$\boldsymbol{\theta}$ が連続変数であれば、正確には事後確率密度分布と呼ぶべきですが、よく事後分布と略しても呼ばれます。様々な $\boldsymbol{\theta}$ で事後確率 $p(\boldsymbol{\theta}|\boldsymbol{y})$ を計算すれば事後分布が描けます。この事後分布こそが今、欲しいものであり、それを求める枠組みは**ベイズ推論** (Bayesian inference) と呼ばれます。ベイズの定理を使って事後確率を計算するには式 (3.5) 右辺の 3 つの確率が必要です。

まず、右辺の分子にある $p(\boldsymbol{y}|\boldsymbol{\theta})$ はモデルパラメータの値が $\boldsymbol{\theta}$ であるときにデータ $\boldsymbol{y}$ が得られる確率です。この条件付き確率は第 1 章で導入した尤度 $L(\theta)$ にほかなりません。最尤推定とはこの尤度が最大になる θ を最良なモデルとする考え方でした。ベイズの定理を見ると、$p(\boldsymbol{\theta})$ があるために、最尤解が事後確率も最大にするとは限らないことがわかります。

その $p(\boldsymbol{\theta})$ はベイズモデルを特徴づける確率、つまり、パラメータ $\boldsymbol{\theta}$ の事前確率分布です。この事前分布はデータに関係なく課せられる $\boldsymbol{\theta}$ の確率分布と解釈できます。

事前分布って、なんだ？

ずっと最尤推定してきた人はベイズモデルに気持ち悪いものを感じることもあり、その原因はこの事前分布という概念にあるでしょう。例えば、図 3.3 のように、推定したいパラメータ θ に対して幅広い分布をもつ尤度関数 (黒実線) と、それよりも狭い事前分布 (黒点線) が設定されると、事後分布 (赤実線) は事前分布にほぼ等しくなってしまいます。尤度関数はモデルとデータから得られたものですが、そんなものはほとんど関係なく、あらかじめ定めた事前分布で θ は決まってしまうのです。これではデータを使った推定とはいえません。モデルパラメータはデータのみによって推定されるべきもので、データを取る前にパラメータに制約を与えるなど、けしからん、というわけです。

歴史的にも事前分布を使うベイズ統計は避けられてきました。ベイズがいわゆるベイズの定理を発見したのは 18 世紀半ばでした。そして、第 1 章で扱った統計学の枠組みは 20 世紀前半にピアソン、フィッシャー、ネイマン、といった偉人たちが事前分布を使わなくて良いように築いたものです。ベイ

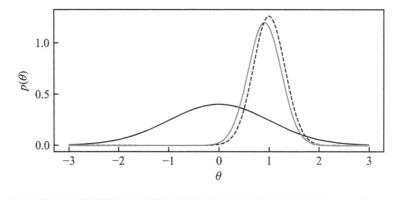

図3.3 **悪いモデルの例**

黒実線が尤度関数、点線が事前分布、赤実線が事後分布。この例では事後分布はほぼ事前分布に等しく、データを取得した意味が薄くなる。

ズ統計が現在、注目を集めるのは、計算機の発達によって任意の確率分布からサンプリングが容易になったのがきっかけでした (第4章参照)。それによって、正規分布に制限されない様々な問題で事後分布が推定できるようになり、事前分布という概念をより広く捉えて有効活用することで、ベイズモデルの応用の幅が広がったのです。

　例えば、前節で扱ったモデルでは式 (3.2) がパラメータ μ_i の事前分布です。しかし、この式はデータを生成する1つのステップを表しているだけです。図3.3のように、データが語ってくれる情報をいたずらに歪めるものではありません。また、2.1 節で述べたように、高次元の問題ではデータに対する最尤モデルは過適合になる恐れがあり、汎化性能の観点からは必ずしも最良のモデルになりません。事前分布を工夫すれば、そのような過適合を抑えられます (第5章参照)。事前分布は「事前」という名前によって自らの印象を悪くしているのかもしれません。要は使い方次第なのです。

事前情報などないよ、ってときは……

　パラメータ θ に事前に特別な強い制約がないときは、なるべく余計なことをしない事前分布を使いたくなります。そのような事前分布は**無情報事前分**

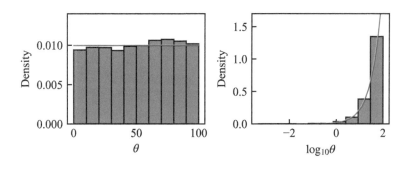

図3.4 一様分布と変数変換
左：一様分布 (赤線) に従う θ の 1 万サンプルのヒストグラム。右：同じサンプルを用いた $\log_{10}\theta$ のヒストグラムと、従うべき分布 $p(\log_{10}\theta) \propto 10^{\theta}$(赤線)

布 (non-informative prior) と呼ばれます。最も直感的な無情報事前分布は**一様分布** (uniform/flat distribution) でしょう。区間 $[+\infty, -\infty]$ の一様分布は全区間で積分すると発散するので、確率分布としてはよろしくないですが、ベイズモデルの事前分布にすると計算上「何もしない」のと同じなので、実用上は問題ありません。

ただし、例えば正規分布の分散であるパラメータ σ^2 に対して一様分布を事前分布として用いたとき、標準偏差 σ に対しては一様でないことに気をつけましょう。また、パラメータ θ の分布が数桁にわたって高い確率をもつとき、通常は対数スケール $\log\theta$ で議論しようとするでしょう。そのときも同様に、θ に対する一様分布の仮定は $\log\theta$ に対する一様分布の仮定とは異なります。図 3.4 はその状況を示しています。$\log\theta$ の事後分布が欲しいのに、θ に対して一様な事前分布を設定してしまうと、$\log\theta$ については図 3.4 右のような事前分布になり、大きな θ に事後分布が偏ってしまいます。何に対して一様を課すのか、が肝心です。

元の分布に変数変換のヤコビアンを掛ければ変換後の分布になる性質をもつ事前分布は **Jeffreys の事前分布** (Jeffreys prior) と呼ばれ、変数変換に対して不変な無情報事前分布として使われます。Jeffreys の事前分布の具体的な形はモデルに依存し、複雑なモデルでは導出できないこともあります。また、無制限の一様分布と同様、全区間での積分はしばしば発散します。

　前節の例では α、β、δ に特別な強い制約はなかったので、幅の広い正規分布を事前分布としました。このような事前分布は弱情報事前分布と呼ばれます。正規分布のような素性の良い分布なら積分は発散しませんし、生成モデルとして自然かもしれません。平均と分散などの設定がたとえわずかでも事後分布に影響するのを嫌がる人もいるかもしれませんが、一般に、データ数が多くなれば事前分布の影響は小さくなります。

　推定のしやすさという観点からは事後分布の形があらかじめわかっていると安心です。尤度関数に事前分布を掛けて整理すると、事後分布が事前分布と同じ形で表される組み合わせが知られており、そのような事前分布は**共役事前分布** (conjugate prior) と呼ばれます。例えば、尤度関数がポアソン分布なら事前分布としてガンマ分布を使うと事後分布もガンマ分布に、また、尤度関数が多項分布なら事前分布にディリクレ分布を使うと事後分布もディリクレ分布になります。

ベイズモデルの解き方

　式 (3.5) のベイズの定理に出てくる登場人物で、まだ触れていないのは右辺の分母 $p(\boldsymbol{y})$ です。データ $\boldsymbol{y}$ は既に手元にあり、この確率に未知のパラメータは含まれないので、$p(\boldsymbol{y})$ は定数です。この定数は右辺分子の $p(\boldsymbol{y}|\boldsymbol{\theta})p(\boldsymbol{\theta})$ が確率密度分布になる条件を満たすための、すなわち、$\boldsymbol{\theta}$ の全領域で積分して 1 になるための正規化定数とみなせ、以下で与えられます。

$$p(\boldsymbol{y}) = \int p(\boldsymbol{y}|\boldsymbol{\theta})p(\boldsymbol{\theta})d\boldsymbol{\theta} \tag{3.6}$$

この積分は $\boldsymbol{\theta}$ の次元 M だけ多重積分 $\int\int\cdots\int d\theta_1 d\theta_2\cdots d\theta_M$ になっています。一般的にはこの多重積分の解析的な計算は困難です。しかし、ベイズの定理に従って事後確率 $p(\boldsymbol{\theta}|\boldsymbol{y})$ を手に入れようとすると、$p(\boldsymbol{y})$ がないと困ります。実際はどうすればいいのでしょうか？

　もし尤度関数も事前分布も分散が既知の正規分布なら、事後分布も正規分布になり、その平均と分散はベイズの定理から解析的に計算できます。しかし、それだけでは現実のデータ解析に対してベイズモデルの適用範囲が狭くなります。

　ベイズモデルにおけるパラメータの推定法を説明するため、表 3.1 に模式的

表 3.1 ベイズモデルにおけるパラメータ推定法のイメージ

		1	2	3	4	5
	5	0.01	0.01	0.01	0.01	0.01
	4	0.01	0.05	0.10	0.03	0.01
θ	3	0.01	0.20	0.18	0.10	0.01
	2	0.01	0.05	0.10	0.03	0.01
	1	0.01	0.01	0.01	0.01	0.01
$\sum_\theta$		0.05	0.32	0.40	0.18	0.05
		1	2	3	4	5
				ω		

離散値をとるパラメータ θ と ω を用いて、尤度関数を $p(\boldsymbol{y}|\theta)$、θ の事前分布を $p(\theta|\omega)$ とする。表中の数値は事後確率を表す。数値が低いほど色が黒い。MCMC はこの事後確率の分布全体を推定する。MAP 解は $(\omega, \theta) = (2, 3)$。経験ベイズはまず $\omega = 3$ を選び、その条件下で θ の分布を推定する。

な事後確率のマップを用意しました。ここでは離散値をとるパラメータ θ で決まる尤度関数 $p(\boldsymbol{y}|\theta)$ と、同じく離散パラメータ ω をもつ事前分布 $p(\theta|\omega)$ を想定し、(ω, θ) の各値での事後確率を表の各セルに示しています。$p(\omega)$ は一様分布とします。

　この表中の全てのセルの事後確率を総当たりで計算すれば、欲しい情報は全て手に入ります。しかし、高次元の問題ではそれが計算量的に困難なのは既に繰り返し述べました。それを効率的に実現しようとするのが次章で扱う**マルコフ連鎖モンテカルロ法** (Markov chain Monte Carlo method: MCMC) です。MCMC では式 (3.6) の定数 $p(\boldsymbol{y})$ の計算は不要です。前節の図 3.2 は MCMC を使って事後分布を推定したものです。ベイズといえば MCMC、といわれるくらい、MCMC は事後分布の推定によく使われます。とはいうものの、MCMC は計算量の多さと収束の難しさが、しばしば深刻な問題になります。

　事後分布を推定するのは大変です。分布全体よりもデータの予測精度が大事な状況なら、事後分布の推定は諦めても許されるかもしれません。画像データを扱うような高次元の問題ではそうなりがちです。分布を諦めさえすれば、事後確率を最大にするモデルを最良と考え、それだけを探すアプローチがあり得ます。$p(\boldsymbol{y})$ は定数なので、事後確率 $p(\theta|\boldsymbol{y})$ を最大にする θ は、$p(\boldsymbol{y}|\theta)p(\theta)$ を最大にする θ と同じです。つまり、$p(\boldsymbol{y})$ の積分計算は省けます。この推

定法は **MAP 推定** (maximum a posteriori estimation) と呼ばれます。表 3.1 では $(\omega, \theta) = (2, 3)$ の事後確率が最も大きいので、これが MAP 解です。MAP 解の探索には、最尤法と同様に EM アルゴリズムがよく使われます (2.2 節参照)。

尤度関数はパラメータ $\boldsymbol{\theta}$ で決まり、その $\boldsymbol{\theta}$ はパラメータ $\boldsymbol{\omega}$ をもつ事前分布で生成される、という順番があるなら、$\boldsymbol{\theta}$ は後回しにして、まずは $\boldsymbol{\omega}$ だけ決めよう、というアプローチもあり得ます。このとき、とりあえず $\boldsymbol{\theta}$ 方向は積分して潰してしまいます。

$$p(\boldsymbol{y}|\boldsymbol{\omega}) = \int p(\boldsymbol{y}|\boldsymbol{\theta})p(\boldsymbol{\theta}|\boldsymbol{\omega})d\boldsymbol{\theta} \tag{3.7}$$

$p(\boldsymbol{y}|\boldsymbol{\omega})$ を最大にする $\boldsymbol{\omega}$ を決めて、必要ならその後に $\boldsymbol{\theta}$ の分布を推定します。事前分布のパラメータを先にデータから決めるこの手法は**経験ベイズ** (empirical Bayes) と呼ばれます。

「積分して潰す」とは、表 3.1 の例を使うと、θ 方向に足し合わせた $\sum_\theta$ 行の数値を得る操作です。このように、多次元パラメータ空間上の確率分布に対していくつかのパラメータの軸で積分する操作は、一般に、**周辺化** (marginalization) と呼ばれます。$p(\boldsymbol{y}|\boldsymbol{\omega})$ はある $\boldsymbol{\omega}$ を与えたときにデータが得られる確率と解釈できるので、第 1 章で扱った尤度に似ており、**タイプ II 尤度** (type-II likelihood)、**周辺尤度** (marginal likelihood) と呼ばれます。

表 3.1 の $\sum_\theta$ 行で最も確率が大きいのは $\omega = 3$ で、その条件下で最も確率が大きいのは $\theta = 3$ です。この例からわかるように、経験ベイズで得られる解は MAP 解とは異なるかもしれません。どちらが良いかは分布の形状や解析の目的に依るでしょう。また、この方法は式 (3.7) の積分計算が要求されます。

前節の図 3.1 の問題について、尤度関数 $p(\boldsymbol{y}|\boldsymbol{\mu}) = \prod p(y_i|\mu_i)$ のパラメータ $\boldsymbol{\mu} = \{\mu_1, \cdots, \mu_{10}\}$ にあまり興味がないなら、経験ベイズで (α, β, δ) を決める戦略は悪くないでしょう。式 (3.7) の $\boldsymbol{\theta}$ に対応するのが $\boldsymbol{\mu}$ であり、$\boldsymbol{\omega}$ に対応するのが (α, β, δ) です。ここでは事前分布 $p(\alpha)$、$p(\beta)$、$p(\delta)$ は一様分布だとして、式 (3.1)、(3.2) から周辺尤度は以下のように表せます。

$$p(\boldsymbol{y}|\alpha, \beta, \delta) = \int p(\boldsymbol{y}|\boldsymbol{\mu})p(\boldsymbol{\mu}|\alpha, \beta, \delta)d\boldsymbol{\mu} \tag{3.8}$$

この積分を頑張って計算しても良いですが、このモデルは書き換えれば

$$y_i = \mu_i + e_i \tag{3.9}$$

$$\mu_i = \alpha + \beta x_i + \varepsilon \tag{3.10}$$

$$e_i \sim \mathcal{N}(0, \sigma_i^2), \quad \varepsilon \sim \mathcal{N}(0, \delta^2) \tag{3.11}$$

です。式 (3.10) を式 (3.9) に代入して μ_i を消去すると、

$$y_i = \alpha + \beta x_i + \varepsilon + e_i \tag{3.12}$$

が得られます。こう書くと e_i と ε はともに正規分布のサンプルなので y_i も正規分布に従い、その期待値は、

$$E(y_i) = E(\alpha + \beta x_i + \varepsilon + e_i) = \alpha + \beta x_i + E(\varepsilon) + E(e_i)$$
$$= \alpha + \beta x_i \tag{3.13}$$

となります。分散は上の期待値の式を利用して、e_i と ε は無相関だとすると、

$$E((y_i - E(y_i))^2) = E((\alpha + \beta x_i + \varepsilon + e_i - (\alpha + \beta x_i))^2)$$
$$= E(\varepsilon^2) + 2E(\varepsilon e_i) + E(e_i^2) \tag{3.14}$$
$$= E(\varepsilon^2) + E(e_i^2) = \delta^2 + \sigma_i^2$$

と計算できます。したがって、周辺尤度関数は以下の正規分布で表せます。

$$p(\boldsymbol{y}|\alpha, \beta, \delta) = \prod_i \frac{1}{\sqrt{2\pi(\delta^2 + \sigma_i^2)}} \exp\left\{-\frac{(y_i - (\alpha + \beta x_i))^2}{2(\delta^2 + \sigma_i^2)}\right\} \tag{3.15}$$

あとはこの周辺尤度を最大化する (α, β, δ) を探す問題となります。こう書いてしまうと、この問題はわざわざ階層ベイズと大袈裟にいわなくても、式 (3.15) を尤度関数とする最尤推定の問題とみなせます。

　ベイズモデルを活かした話題は、物理関連以外にも数多くあります。次節からはそういった他分野の話題に触れて、ベイズモデルの理解を深めていきましょう。

3.3 例題1：新型コロナの PCR 検査

この本を書いた時期は 2020 年から 2022 年にかけて、新型コロナウイルス感染症 (COVID-19) の流行真っ只中でした。人間にうまく潜んで大繁栄し、人の命や健康とともに、人と人とが会って話すというような人間社会における価値や意味の根源を長期にわたって脅かしている、なんとも嫌らしいウイルスです。

そんなコロナ禍の中、毎日のようにニュースで聞いた「PCR 検査」。新型コロナにかかったかどうかの検査にはこれがよく使われます。この PCR 検査のような、病気の診断をする検査一般には、原因である「感染している/していない」と検査の結果である「陽性/陰性」の間に、ベイズの定理で説明できる、私たちが知っておくべき関係性があります。

問題がややこしくなるのは、新型コロナに感染していない人を検査しても 100% 陰性の結果が出るとは限らないからです。本当は感染していないのに、検査では陽性になり得るのです。「えっ、そんな……」と思いましたか？ この本の読者と想定している物理系のデータを扱っている人なら「まあ、いわれてみれば 100%はあり得んよな」と思うのでは？ つまり、この問題では 2 つの事象、「感染している/感染していない」と「陽性/陰性」は別の事象として扱うべきなのです。そして、いま知りたい量を「検査で陽性になったときに、実際に感染している確率」としましょう。これは条件付き確率 $p(感染 \mid 陽性)$ です。

$p(感染 \mid 陽性)$ を得るため、この問題をベイズの定理に当てはめた以下の式を考えます。

$$
\begin{aligned}
p(感染 \mid 陽性) &= \frac{p(陽性 \mid 感染)p(感染)}{p(陽性)} \qquad (3.16) \\
&= \frac{p(陽性 \mid 感染)p(感染)}{p(陽性 \mid 感染)p(感染) + p(陽性 \mid 非感染)p(非感染)}
\end{aligned}
$$

右辺にある $p(陽性 \mid 感染)$ は「感染者を検査したときに陽性になる確率」です。これは検査の「感度」と呼ばれます。感度も 100%ではありません。PCR 検査の場合、本来検出に十分な数のウイルスが含まれているサンプルが偶然

陰性に判定される確率はとても低いようですが、そもそもサンプルを採取する方法や感染している人の状態などによって、実際は感度が下がるようです。様々な報告がありますが、ここでは典型的な値として $p(陽性 \mid 感染) = 0.7$ とします。

次に、$p(感染)$ は事前確率です。これは検査対象とする集団から無作為に 1 人抽出して、その人が感染している確率、と考えられます。

右辺分母の $p(陽性)$ に関して、今は感染と非感染の 2 通りしかないので、それぞれの条件で足し合わせた形が式 (3.16) の下の式です。この式から、事後確率の計算には $p(陽性 \mid 非感染)p(非感染)$ も必要だとわかります。$p(陽性 \mid 非感染)$ は「非感染者を検査して陽性になる確率」です。また、検査の「特異度」と呼ばれる量は、この逆、つまり「非感染者を検査して陰性になる確率」と定義されます。感度と同様、こちらも推定が難しそうな量ですが、ここでは特異度を $p(陰性 \mid 非感染) = 0.99$ に設定しましょう。つまり $p(陽性 \mid 非感染) = 0.01$ です。

ちょっと話が脱線しますが、この例では感染・非感染という原因に対し、検査を通して陽性・陰性という結果が得られます。尤度関数 $p(陽性 \mid 感染)$ は原因から結果を生成する確率モデルといえます。そして $p(感染 \mid 陽性)$ を知ろうとする行為は結果から原因を探る行為です。ベイズの定理には因果を逆転させる働きがあるのです。

さて、では人口 10 万人の架空の都市「H 市」に新型コロナの感染者が 100 人いて、市民全員に PCR 検査をする状況を考えます。このとき、事前確率は $p(感染) = 100 \text{人}/10 \text{万人} = 0.001$、$p(非感染) = 1 - p(感染) = 0.999$ です。上で定めた感度と特異度を使って、検査で陽性になったときに実際に感染している確率は、式 (3.16) から以下で計算されます。

$$p(感染 \mid 陽性) = \frac{0.7 \times 0.001}{0.7 \times 0.001 + 0.01 \times 0.999} = 0.065 \qquad (3.17)$$

あれ？ 検査結果は陽性なのに感染してる確率が 6.5％しかありません。逆に、感染していない確率は $100 - 6.5 = 93.5\%$ ですから、この確率を示された上で「陽性が出たから隔離します」と言われたら、思わず抵抗したくなるかもしれません。もし、本当の感染者だけを隔離する目的でこの検査をしたのなら、検査をした意味が疑われる結果です。

|表3.2| 架空の都市「H 市」の感染状況と検査結果

	感染者 (100人)	非感染者 (99900人)
陽性	70人	999人 (偽陽性)
陰性	30人 (偽陰性)	98901人

数値は期待値。

表 3.2 を使って、もう少し丁寧に考えましょう。この表ではわかりやすくするために、確率ではなく期待値を人数として書いています。検査の感度が 0.7 なので、感染者 100 人のうち平均 70 人は陽性、平均 30 人は陰性と判定されます。この 30 人の感染者は検査では見逃されてしまいます。これを「偽陰性」といいます。同様に、検査の特異度が 0.99 なので、非感染者 99900 人のうち平均 999 人は誤って陽性になってしまいます。これを「偽陽性」といいます。したがって、陽性になったときに本当に感染している確率は $70/(70 + 999) = 0.065$ と計算できます。式 (3.17) もこれと同じ計算をしています。

この例では、特異度が 1 ではないため、非感染者が多いとたくさんの偽陽性が真の陽性感染者に混ざってしまい、その結果、検査で陽性になったのに感染したと結論できないような低い事後確率になってしまったわけです。すなわち、事前確率 p(感染) が低いのが原因です。例えば事前確率を p(感染) $= 0.1$ とすれば、p(感染 | 陽性) $= 0.89$ と計算されます。健康な大多数の人を含む H 市市民全員ではなく、例えば熱があって息苦しさを感じている人や、感染が確定した人の濃厚接触者だけを対象にするとより高い事前確率が期待できます。

本節の例では事後確率 p(感染 | 陽性) と事前確率 p(感染) の定性的な関係を説明しましたが、現実社会で行動を決断する際には定量的に考えるべきでしょう。ここでは特異度を 99％と設定しましたが、新型コロナの PCR 検査に関しては 99.9％や、ほぼ 100％という高い数値も報告されています。特異度が高いと偽陽性が減るので、事後確率 p(感染 | 陽性) は上がります。また、偽陽性は再検査すれば減らせますし、そもそも検査の目的が感染者の隔離なのか、定期的なモニターなのかによっても戦略は変わってくるでしょう。

コロナ禍では人間社会の賢さが試されているような気がします。数式や数

悪い日本人のために申し訳ありません。あなたのメールアカウントをハッキングしました。私はあなたのコンピューターをハッキングした。あなたは私に（100000円）を支払わなければなりません。あなたは48時間があります。

y = {悪い, 日本人, ため, 申し訳, あり, あなた, メール, アカウント, ハッキング, し, 私, あなた, コンピューター, ハッキング, し, あなた, 私, 100000, 円, 支払わ, なり, あなた, 48, 時間, あり}

図3.5 スパムメールの例
文章 (左) を単語に分割してデータとする (右)。

値の意味を読み取れる私たち物理系の人間は、医療行為こそできませんが、関連する数理を理解して合理的に行動することで、パンデミックに立ち向かう社会の一助となりたいものです。

3.4 例題2：スパムフィルター

　もう1つ、物理っぽくないベイズモデルの応用例を紹介します。日々受け取る電子メールには迷惑メール、いわゆる、スパムメールが含まれます。スパムメールに含まれるリンクをうっかり踏んでしまうと大変なことになってしまうので本当に迷惑です。最近はほとんどの環境でスパムを自動判定して迷惑メールフォルダに入れる機能が利用できます。大事なメールが誤ってスパム判定されていないかと時々迷惑メールフォルダを眺めていると、時代とともにスパムにも流行があるのがわかり、ちょっと楽しかったりもします。お、今度はそう来たか！ みたいな。自動的にスパムを振り分ける機能として「ベイジアンフィルター」と呼ばれるものを聞いたことがある人は多いのではないでしょうか。ここでは単純なスパムフィルターとしてベイズがどう働くのか、紹介します。

　例えば図3.5のようなスパムメールを考えます。数年前に、とあるメーリングリストに実際に来たスパムメールから、公序良俗に反しそうな文言を省いたものです。本当は省いた文言を使う方が楽に判別できそうなのですが。文章は単語の並びでできているので、まずは単語に分解します。英語だとスペースで単語が分かれているのでこの作業は簡単ですが、日本語だと単語へ

の分割自体が単純ではありません。ですが、今そこは本筋ではないので、図
3.5 右のようにメール文章を分割できたとしましょう。ここでは助詞、助動
詞は省きました。この単語の集まりが、メールから得られたデータ y です。
ベクトル y の要素は単語だと考えましょう。

いま知りたいのは確率 $p(スパム |y)$ です。$p(スパム |y) > 0.5$ でスパムと
判定するのか、大事なメールを見逃すのが嫌なので $p(スパム |y) > 0.8$ とす
るのか、それはあとでユーザーが決めれば良いとして、$p(スパム |y)$ の計算
を目的としましょう。ノーヒントで $p(スパム |y)$ を推定せよ、と言われると
途方にくれてしまいます。そこで、ベイズの定理を使って因果を逆転してみ
ます。

$$p(スパム |y) = \frac{p(y| スパム)p(スパム)}{p(y)} \tag{3.18}$$

$p(y| スパム)$ は「スパムメールに単語群 y が出現する確率」ですから、これ
ならなんとか推定できそうな気がしてきます。全く同じ文章のメールを以前
も受け取っていて、それをスパムだと判断していれば、$p(y| スパム) = 1$ で
す。このように、$p(y| スパム)$ は過去に受け取ったスパムメールから計算で
きそうです。しかし、全く同じ文章でないといけないなら、使い物にはなり
ません。

y のある要素は本来ならそれより前の要素に依存します。図 3.5 の例で
は「悪い」の直後に「申し訳」が来る確率は低くて、「日本人」が来る方が
比較的自然、というように。しかし、ここでは問題を簡単にするため、単語
の出現確率が前の文脈に一切依存しないと仮定しましょう。単語 y_i が文脈
$\{y_{i-1}, y_{i-2}, \cdots\}$ には依らずにそれぞれ独立していると考えれば、

$$p(y| スパム) = \prod_i p(y_i| スパム) \tag{3.19}$$

と書けます。文章をこのように扱って分類する方法は**ナイーブベイズ分類器**
(naive Bayes classifier) と呼ばれます。

$p(y_i| スパム)$ は、スパムメールをたくさん集めてきて、例えば全 100 語あ
る中で「ハッキング」という単語が 5 回出てきたら、$p(ハッキング | スパム)$
$= 5/100 = 0.05$ とするのが簡単です。スパムでないメールはハムと呼ば

れることがあります。……スパムはスパムで美味しいと思うのですが。ま
あそれはともかく、ハムもあらかじめたくさん集めておいて、$p($ハッキン
グ$|$ハム$) = 0.01$ のように差が出れば、そこで「ハッキング」という単語に
分類器にとっての価値が出るわけです。それは数理的には式 (3.18) の $p(\boldsymbol{y})$
に現れます。

$$p(\boldsymbol{y}) = p(\boldsymbol{y}|\,スパム)p(スパム) + p(\boldsymbol{y}|\,ハム)p(ハム)$$
$$= p(スパム)\prod_i p(y_i|\,スパム) + p(ハム)\prod_i p(y_i|\,ハム) \qquad (3.20)$$

あらかじめたくさんのスパム・ハムを集めて、多くの単語に対する尤度 $p(y_i|\,$ス
パム$)$ と $p(y_i|\,$ハム$)$ の「辞書」を作ります。事前確率 $p(スパム)$、$p(ハム)$ は
集めたメールのうちスパム・ハムがそれぞれ占める割合にするのが簡単です。
これで式 (3.18) の事後確率 $p(スパム\,|\boldsymbol{y})$ が計算できます。

　これを実装して使おうとすると、すぐに辞書にない単語に遭遇して、困っ
てしまいます。上記の計算方法だと辞書にない単語は $p(y_i|\,$スパム$) = 0$ に
なり、式 (3.19) より、尤度がゼロになってしまいます。同じ問題は、辞書の
中でスパムだけ、もしくはハムだけに出現する単語でも発生します。この問
題を回避するための補正はスムージングと呼ばれます。簡単なものとしては、
辞書にない未知の単語に遭遇したときに、全ての単語についてその出現回数
に 1 を加える方法が知られています。新しい単語だけ出現回数が 1 になり、
他は 2 以上になるので、尤度はゼロになりません。

　さて、それまでの辞書に新しい単語が 1 つ加えられたとき、事後確率はど
う変化するでしょうか。図 3.5 のスパムメールに新しい単語 w が追加された
文章を考えます。式 (3.18) を書き直して、事後確率は

$$p(スパム\,|w,\boldsymbol{y}) = \frac{p(w,\boldsymbol{y}|\,スパム)p(スパム)}{p(w,\boldsymbol{y})} \qquad (3.21)$$

と書けます。ナイーブベイズでは w と $\boldsymbol{y}$ は独立、すなわち $p(w,\boldsymbol{y}) = p(w)p(\boldsymbol{y})$ であり、条件付きでも独立 $p(w,\boldsymbol{y}|\,スパム) = p(w|\,スパム)p(\boldsymbol{y}|\,ス
パム)$ と考えられるので、上の式は以下に書き換えられます。

$$p(スパム\,|w,\boldsymbol{y}) = \frac{p(w|\,スパム)p(\boldsymbol{y}|\,スパム)p(スパム)}{p(w)p(\boldsymbol{y})}$$

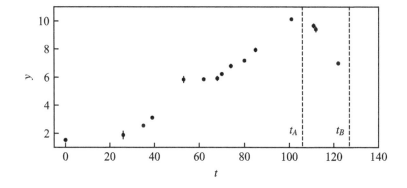

図3.6 欠損のある時系列データ (t_i, y_i) の例

時刻 t_A や t_B の y の値が知りたい。

$$
= \frac{p(w|\,スパム)}{p(w)}p(スパム\,|\boldsymbol{y})
$$

$$
= \frac{p(w|\,スパム)p'(スパム)}{p(w)} \tag{3.22}
$$

1行目から2行目の式変形ではベイズの定理である式 (3.18) を使っています。式 (3.22) はベイズの興味深い一面を表しています。すなわち、それまでの事後確率 $p(スパム\,|\boldsymbol{y})$ を新たな事前確率 $p'(スパム)$ とし、新しい単語 w の追加によって、事後確率が更新されたと解釈できるのです。これを**ベイズ更新** (Bayesian updating) といいます。

この性質から、ベイズモデルはデータが増えれば増えるほど、モデルが賢くなる、と表現されます。もっとも、ベイズであろうがなかろうが、データが増えれば予測の精度が上がるのは自然なことです。ベイズ更新はそのメカニズムを明確に表しているものと考えられます。

3.5 例題3：滑らかな曲線

物理っぽくはないけどベイズの考え方を理解するための有名な例を2つ紹介しました。本章の最後は連続変数を考える元のテイストに戻りましょう。

図 3.6 に示す時系列データ (t_i, y_i) が得られたときに、データがない時刻

t_A、t_B での y の値を知りたい状況を考えます。t_i は整数値で、日数としましょう。$t = 0$ 日から 140 日までの間に 15 点のデータがあり、測定誤差 σ_i は大きくはないですがデータごとに異なります。$y(t)$ の関数形を知っていればこれは第 1 章で扱った問題ですが、ここでは関数形はわからないものとします。t_A での y を知りたいなら内挿の問題です。手持ちのデータはこれだけしかないけど、別の人が時刻 t_A に何かしらのデータを取得していて、そのデータと比較したい、といった状況が考えられます。t_B での y を知りたいなら外挿の問題です。昨日までのデータから今日の状態を予想したい状況が考えられます。

内挿でも外挿でも、例えば t_A や t_B の近くのデータを使って直線を当てはめるのは簡単です。しかし、t_A はどうも極大付近のように見えるので、直線だと極大を過小評価するかもしれません。では、2 次曲線なら良いでしょうか? それとも 3 次曲線の方が良いでしょうか? ここでは多項式のような決まった関数形を使わないベイズモデルを紹介します。

いずれのデータに対してもそれなりに近いところを通る滑らかな曲線を引きたいと考えます。それをどう統計モデルで表現すれば良いでしょうか? 滑らか、ということは、時間方向に隣り合うデータの y の値が近い、という条件で表現できるかもしれません。これを以下のように表します。

$$p(\mu_j|\mu_{j-1}, \lambda) = \frac{1}{\sqrt{2\pi\lambda^2}} \exp\left\{-\frac{(\mu_j - \mu_{j-1})^2}{2\lambda^2}\right\} \tag{3.23}$$

$$p(\boldsymbol{\mu}|\mu_0, \lambda) = \prod_j \frac{1}{\sqrt{2\pi\lambda^2}} \exp\left\{-\frac{(\mu_j - \mu_{j-1})^2}{2\lambda^2}\right\} \tag{3.24}$$

上の式が μ_j の事前分布、下の式が $\boldsymbol{\mu}$ 全体の事前分布です。ここで、データ y_i は 15 個ありますが、パラメータ μ_j は $t = 0$ から 140 まで 1 日ずつ等間隔で 141 個用意します。この式は、μ_j は 1 つ前の μ_{j-1} を平均に、分散 λ^2 の正規分布に従うことを意味します。もしくは、$\mu(t)$ の差分、すなわち傾きが $\mathcal{N}(0, \lambda^2)$ に従う、という言い方もできます。この式だけでは μ_0 と λ の事前分布が定義されていませんが、ここでは双方とも、無情報事前分布として一様分布を使います。

μ_j に分散 σ_i^2 の正規ノイズが加わったものがデータである、として、尤度

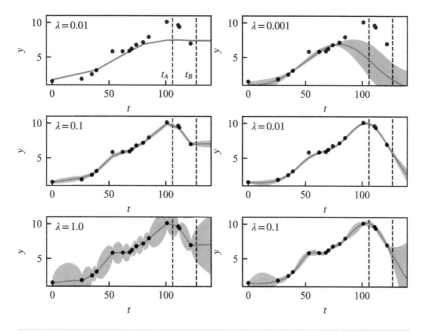

図 3.7 | 滑らかな曲線モデルの推定結果

左は 1 次のモデル、右は 2 次のモデルを用いている。縦方向は λ が異なるそれぞれの
結果。青線がパラメータ $\mu = \{\mu_1, \mu_2, \cdots, \mu_{141}\}$ の事後分布の平均であり、その周囲
の青い領域が事後分布の標準偏差を示している。黒点は図 3.6 のデータと同じ。

関数を以下のように設定します。

$$p(\boldsymbol{y}|\boldsymbol{\mu}) = \prod_i \frac{1}{\sqrt{2\pi\sigma_i^2}} \exp\left\{ -\frac{(y_i - \mu_j)^2}{2\sigma_i^2} \right\} \quad \left(\text{ただし、} t_i = t_j\right) \quad (3.25)$$

σ_i^2 はデータの測定誤差の 2 乗で、既知とします。これで滑らかな曲線を引く
問題を階層ベイズモデルとして表現できました。

　このモデルのパラメータは 141 個の要素をもつ $\boldsymbol{\mu}$ と λ です。ここでは λ
をデータから推定せずに適当な値をいくつか試して、$\boldsymbol{\mu}$ の推定結果がどう変
わるか見てみましょう。図 3.7 左にさまざまな λ に対して推定した $\boldsymbol{\mu}$ を示
しています。

　上のパネルは λ が小さい $(= 0.01)$ 場合です。ある日の y は前の日の y か

ら分散 λ の小さな正規乱数が足されて生成されるので、前の値から大きくは逸脱できず、結果、モデルは滑らかに変化します。というよりも、期待したほど滑らかにはなっていなくて、むしろカクカクした感じでしょうか。μ はデータにはあまり合っていなくて、尤度は低くなります。一方、下のパネルは大きい $\lambda \,(= 1.0)$ の場合です。先ほどとは逆に、モデルはデータにピッタリ合っています。図からはわかりにくいですが、このモデルは測定誤差に由来するノイズまで再現しており、過適合なモデルといえます。λ が大きいので、データがない期間の分布は大きく広がっています。汎化性能を考えると中央のパネルぐらいが良い感じでしょうか。

中央のパネルで、t_A での結果は悪くないかもしれませんが、t_B での結果は満足できない人が多いでしょう。データの終盤は下降傾向にありますが、推定結果はその傾向を無視しています。このモデルだと、ある日の y を決めるのは直前の 1 点だけなので、下降傾向は取り入れられないのです。下降傾向を取り入れるためには直前の 2 点以上を使うモデルが必須です。

そこで、事前分布を以下に変えてみましょう。

$$
\begin{aligned}
p(\boldsymbol{\mu}|\mu_0, \mu_1, \lambda) &= \prod_j \frac{1}{\sqrt{2\pi\lambda^2}} \exp\left\{ -\frac{((\mu_j - \mu_{j-1}) - (\mu_{j-1} - \mu_{j-2}))^2}{2\lambda^2} \right\} \\
&= \prod_j \frac{1}{\sqrt{2\pi\lambda^2}} \exp\left\{ -\frac{(\mu_j - 2\mu_{j-1} + \mu_{j-2})^2}{2\lambda^2} \right\}
\end{aligned} \tag{3.26}
$$

直前 2 点のデータを使って、値そのものではなく傾きが近いという条件を表現しています。以前と同様に、事前分布 $p(\mu_0)$、$p(\mu_1)$、$p(\lambda)$ は一様分布とします。このモデルを使った推定結果を図 3.7 右に示します。λ に対する傾向は前の 1 次モデルと同様で、すなわち、上のパネルはモデルが滑らかすぎてデータに合っていない、下のパネルは過適合、中央のパネルがちょうど良さそうなモデルです。期待通り、今回は t_B での予測に下降傾向が反映されています。

さて、この滑らかな曲線を表現するモデルは実際のデータ解析でも役立つかもしれませんが、本節で伝えたいメッセージはその有用性よりも、事前分布を活かしたベイズモデルの柔軟性です。ここでは、推定したい高次元ベクトル $\boldsymbol{\mu}$ の要素間、すなわち μ_j と μ_{j-1} や μ_{j-2} の関係が事前分布に組み込

まれています。これは前節までに紹介したベイズモデルにはなかった特徴です。例えば 3.1 節のモデルでは、μ_i と x_i の間には「直線」という硬い関係性がありました。対照的に、本節のモデルでは時間方向に隣り合う μ は値、もしくは傾きが近い、という柔らかい関係性が表現されています。こうした事前分布は画像のような 2 次元データにも拡張でき、隣り合う画素の輝度間に本節と同様の制約を与えれば、ノイズの除去などを可能にします。推定したい高次元ベクトルの要素間の関係に何かしら知識があれば、それを事前分布として活用できるのです。

図 3.7 では適当な λ ごとに結果を示しました。この λ のように、最適化の前に、ある値に決めてしまうパラメータは**ハイパーパラメータ** (hyperparameter) と呼ばれます。通常のモデルパラメータと同様、ハイパーパラメータもモデルの汎化性能が良くなるようにデータから値やその妥当な範囲が決まります。ただし、通常のモデルパラメータをデータに最適化するアルゴリズムに含まれないハイパーパラメータは、その最適化とは異なる方法で適切な値や範囲を探さないといけません。また、そのようなハイパーパラメータの数が多いほど、適切な値の探索は難しくなります。

本節で扱ったような、ある時刻のデータをそれ以前のデータから推定する手法は時系列解析の分野ではよく知られています。$y_i = \beta_0 + \beta_1 y_{i-1} + \beta_2 y_{i-2} + \cdots + \beta_p y_{i-p} + \varepsilon_i$ の形のモデルは**自己回帰モデル** (autoregressive model: AR) と呼ばれます。p は次数と呼ばれ、p 次の自己回帰モデルは AR(p) と表記されます。本節のモデルも μ_i が直接観測できれば AR(1) や AR(2) と同じです。系の状態を表す直接観測されないパラメータ $\boldsymbol{\mu}$ が過去の情報をもとに時間発展し、我々はそれが変換されたものを観測する、というモデルは、一般に**状態空間モデル** (state-space model) と呼ばれます。本節で扱ったモデルはその簡単なもので、1 次のものはローカルレベルモデル、2 次のものはローカルトレンドモデル、と呼ばれます。

第**4**章

マルコフ連鎖
モンテカルロ法

4.1　確率分布からのサンプリング

総当たりからサンプリングへ

これまでのあらすじ。モデルのパラメータを確率変数と考えるベイズ統計。事前分布の有効活用によって、より柔軟なモデリングが可能になり、さらにデータからパラメータの事後確率分布も手に入る。しかし、パラメータが多数ある高次元のモデルでは事後確率を総当たりで調べるのは不可能。そこで登場するのがマルコフ連鎖モンテカルロ法 = MCMC である！

というわけで、本章では MCMC を扱います。前章でも事後分布の推定に MCMC を使いましたが、その中身については何も説明しませんでした。本節で MCMC の基本的な考え方を例とともに紹介したあと、次節以降では数理的な基礎と、いくつかの代表的なアルゴリズム、そして実践例を紹介します。最後に MCMC を使う際の注意点をまとめます。

とある確率分布 $\pi(\boldsymbol{\theta})$ を考えます。これまで確率分布は $p(\boldsymbol{\theta})$ と表してきましたが、これだと $\boldsymbol{\theta}$ の事前分布の意味をもってしまいます。ここではベイズは一旦忘れて良いので、M 個のパラメータ $\boldsymbol{\theta} = (\theta_1, \theta_2, \cdots, \theta_M)$ の確率分布を、紛らわしくないよう、$\pi(\boldsymbol{\theta})$ と書きます。MCMC とは $\pi(\boldsymbol{\theta})$ に従うサンプルを生成する、つまり $\pi(\boldsymbol{\theta})$ から**サンプリング** (sampling) する手法です。サンプリングと確率分布の推定にどのような関係があるのでしょうか？

例えば、$\pi(\theta)$ を平均 0.0、分散 1.0 の正規分布とします。様々な θ に対して $\pi(\theta) = \exp(-\theta^2/2)/\sqrt{2\pi}$ を計算し、$\{\theta, \pi(\theta)\}$ の組を多数手に入れて、それを線で繋げば確率分布が描けます。しかし、このアプローチはパラメー

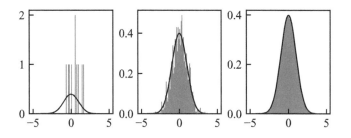

図4.1 標準正規分布からサンプリングしたサンプルのヒストグラム

左からサンプル数 10、1000、10^5。実線は確率密度分布で、縦軸のスケールは異なるが、全て同じもの。サンプル数が増えるとともに、分布の推定精度が高くなる。

タが増えて高次元の問題になると破綻します。そこで、$\pi(\theta)$ からたくさんサンプリングしてみましょう。正規分布からサンプリングするアルゴリズムはボックス・ミューラー法など、よく知られているので、Python や R などのプログラム言語を使って大量のサンプルを簡単に生成できます。図 4.1 はそのように生成されたサンプルのヒストグラムです。左からそれぞれサンプル数が 10 個、1000 個、10^5 個の例です。サンプル数が多くなるとともに、確率分布の推定精度が高くなっていきます。

このように、$\pi(\boldsymbol{\theta})$ を総当たりで計算できなくても、$\pi(\boldsymbol{\theta})$ からサンプリングできれば、そのサンプルの分布から $\pi(\boldsymbol{\theta})$ が推定できます。高次元な $\boldsymbol{\theta}$ の空間を総当たりで計算すると確率がほぼゼロのハズレ領域ばかり計算することになり、費やした計算資源はほぼ無駄になります。サンプリングによる推定は確率の高いところに効率良く計算資源を費やします。確率の低いところはほとんどサンプルがないので、確率密度の推定精度は低くなりますが、そもそもそういう確率の低い領域には、通常、興味がないので、あまり問題になりません。また、後述のように、サンプリングによる分布の推定は分布を特徴づける値を得るのにも便利です。

メトロポリス法

したがって、確率分布 $\pi(\boldsymbol{\theta})$ に従うサンプルを生成する方法こそが本章の主題です。ここでは数理的な根拠はさておき、MCMC の最も基本的なアル

ゴリズム、**メトロポリス法** (Metropolis algorithm) を使って、直線回帰の問題を解いてみましょう。データは第 0 章や第 1 章でも扱った図 0.1 (p.2) の $\{x_i, y_i, \sigma_i\}$ を再利用し、以下の正規分布のモデルを考えます。

$$\pi(\boldsymbol{\theta}) = p(\alpha, \beta | \boldsymbol{y}) \propto \prod_i \frac{1}{\sqrt{2\pi\sigma_i^2}} \exp\left\{ -\frac{(y_i - (\alpha + \beta x_i))^2}{2\sigma_i^2} \right\} \qquad (4.1)$$

$\boldsymbol{\theta} = (\alpha, \beta)$ で、α と β には無情報事前分布として範囲無制限の一様分布を考えているので、$p(\alpha)$ と $p(\beta)$ は省略しています。

MCMC では同じ計算アルゴリズムを何度も繰り返します。i 回繰り返したときのパラメータを $\boldsymbol{\theta}_i$ として、そこから $(i+1)$ 番目の状態 $\boldsymbol{\theta}_{i+1}$ に遷移し、それを繰り返して、多数の MCMC サンプルを生成します。メトロポリス法ではこの状態遷移をするために**提案分布** (proposal distribution) を設定します。提案分布 $q(\boldsymbol{\theta} \to \boldsymbol{\theta}')$ は状態 $\boldsymbol{\theta}$ から新しい状態 $\boldsymbol{\theta}'$ を生成する確率分布です。メトロポリス法では $q(\boldsymbol{\theta} \to \boldsymbol{\theta}') = q(\boldsymbol{\theta}' \to \boldsymbol{\theta})$ となる、対称な確率分布を提案分布に用います。例えば、正規分布は対称な確率分布です。

メトロポリスのアルゴリズムは以下の通りです。

1. 提案分布 $q(\boldsymbol{\theta}_i \to \boldsymbol{\theta}')$ から 1 つサンプリングして、候補 $\boldsymbol{\theta}'$ を生成する。
2. 確率 $\min(1, \pi(\boldsymbol{\theta}')/\pi(\boldsymbol{\theta}_i))$ で $\boldsymbol{\theta}'$ を採用し、$\boldsymbol{\theta}_{i+1} = \boldsymbol{\theta}'$ とする。採用されなかったら $\boldsymbol{\theta}_{i+1} = \boldsymbol{\theta}_i$。
3. 1. に戻る。

提案分布は正規分布のような簡単にサンプリングできる確率分布を使うのが便利です。採択条件の $\min(1, \pi(\boldsymbol{\theta}')/\pi(\boldsymbol{\theta}_i))$ は、1 もしくは比 $\pi(\boldsymbol{\theta}')/\pi(\boldsymbol{\theta}_i)$ のうち小さい方の確率で採択する、という意味です。元の状態 $\boldsymbol{\theta}_i$ よりも候補 $\boldsymbol{\theta}'$ の方が確率が高ければ、つまり、$\pi(\boldsymbol{\theta}_i) < \pi(\boldsymbol{\theta}')$ ならば、確率 1 で必ず候補は採択されます。逆に、$\pi(\boldsymbol{\theta}_i) > \pi(\boldsymbol{\theta}')$ ならば、確率 $\pi(\boldsymbol{\theta}')/\pi(\boldsymbol{\theta}_i)$ で採択します。この操作は $[0, 1]$ の一様分布から 1 つサンプリングして、その値 r が $r < \pi(\boldsymbol{\theta}')/\pi(\boldsymbol{\theta}_i)$ なら採択するルールで実装できます。$\pi(\boldsymbol{\theta}')/\pi(\boldsymbol{\theta}_i)$ の数値は極端に大きい、もしくは小さい値になりがちなので、実際に計算するときは対数をとるのが便利です。

採択・不採択の判定に使う量は比 $\pi(\boldsymbol{\theta}')/\pi(\boldsymbol{\theta}_i)$ であって、$\pi(\boldsymbol{\theta}_i)$ の値その

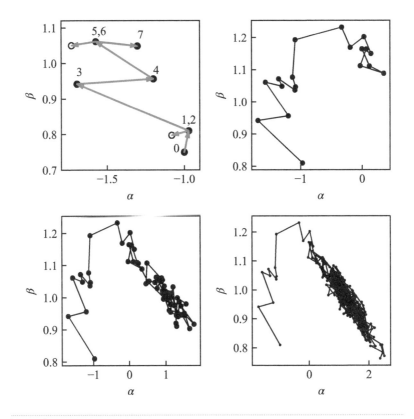

図4.2 メトロポリス法の例

左上：7 ステップまで。図中の数値はステップ数。黒丸が MCMC サンプルで、白丸は不採択になった候補。同様に、右上が 50 ステップ、左下が 200 ステップ、右下が 1000 ステップまでの結果。

ものではありません。実はこれが計算を楽にしてくれます。式 (4.1) のようにサンプリングしたい確率分布が事後確率分布だと、それを得るには式 (3.5) (p.55) のベイズの定理に現れる $p(\boldsymbol{y})$ の計算が求められます。そして、一般的にその計算が難しいのは前章で述べました。しかし、$p(\boldsymbol{y})$ は定数なので、比 $\pi(\boldsymbol{\theta}')/\pi(\boldsymbol{\theta}_i)$ では分母分子で打ち消し合って、計算しなくても済むのです。

　ではメトロポリス法によるサンプリングを実際にやってみましょう。提案分布には 2 次元正規分布を使います：$\boldsymbol{\theta}' \sim \mathcal{N}(\boldsymbol{\theta}, \Sigma)$。ここで、$\Sigma$ は分散共

分散行列 $\{\sigma_{ij}^2\}$ で、α の分散は $\sigma_{11}^2 = 0.1$、β の分散は $\sigma_{22}^2 = 0.003$、共分散は $\sigma_{12}^2 = \sigma_{21}^2 = 0$ とします。また、初期状態を $\boldsymbol{\theta}_0 = (-1.000, 0.750)$ とします。メトロポリス法を以下の手順で進め、その結果を図 4.2 に示しています。図 4.2 左上に示される MCMC サンプルの軌跡をステップごとに確認しましょう。

Step 1 初期状態 $\boldsymbol{\theta}_0$ を平均にした提案分布 $\mathcal{N}(\boldsymbol{\theta}_0, \Sigma)$ から 1 つサンプルを生成し、$\boldsymbol{\theta}' = (-0.971, 0.810)$ を得る。$\log \pi(\boldsymbol{\theta}')/\pi(\boldsymbol{\theta}_0) = 56.1$ と計算され、$\log 1 = 0$ よりも大きいので、無条件に採択される。したがって、状態遷移が起きて、$\boldsymbol{\theta}_1 = \boldsymbol{\theta}' = (-0.971, 0.810)$

Step 2 $\boldsymbol{\theta}_1$ を平均にした提案分布 $\mathcal{N}(\boldsymbol{\theta}_1, \Sigma)$ から 1 つサンプルを生成し、$\boldsymbol{\theta}' = (-1.081, 0.797)$ を得る。$\log \pi(\boldsymbol{\theta}')/\pi(\boldsymbol{\theta}_1) = -11.6$ と計算され、$[0, 1]$ の一様乱数を引くと $\log r = -0.91 > -11.6$ になったので、不採択。したがって、$\boldsymbol{\theta}_2 = \boldsymbol{\theta}_1$ に留まる。

Step 3 $\mathcal{N}(\boldsymbol{\theta}_2 (= \boldsymbol{\theta}_1), \Sigma)$ から 1 つサンプルを生成し、$\boldsymbol{\theta}' = (-1.697, 0.942)$。$\log \pi(\boldsymbol{\theta}')/\pi(\boldsymbol{\theta}_2) = 13.4$ なので、無条件に採択。$\boldsymbol{\theta}_3 = \boldsymbol{\theta}' = (-1.697, 0.942)$

Step 4 $\mathcal{N}(\boldsymbol{\theta}_3, \Sigma)$ からサンプル生成、$\boldsymbol{\theta}' = (-1.199, 0.956)$。$\log \pi(\boldsymbol{\theta}')/\pi(\boldsymbol{\theta}_3) = 66.4$ で、無条件に採択。$\boldsymbol{\theta}_4 = \boldsymbol{\theta}'$

Step 5 $\mathcal{N}(\boldsymbol{\theta}_4, \Sigma)$ からサンプル生成、$\boldsymbol{\theta}' = (-1.574, 1.061)$。$\log \pi(\boldsymbol{\theta}')/\pi(\boldsymbol{\theta}_4) = 25.7$ で、無条件に採択。$\boldsymbol{\theta}_5 = \boldsymbol{\theta}'$

Step 6 $\mathcal{N}(\boldsymbol{\theta}_5, \Sigma)$ からサンプル生成、$\boldsymbol{\theta}' = (-1.732, 1.050)$。$\log \pi(\boldsymbol{\theta}')/\pi(\boldsymbol{\theta}_5) = -21.6$ と計算され、一様乱数を引いて、$\log r = -1.49 > -21.6$ なので、不採択。$\boldsymbol{\theta}_6 = \boldsymbol{\theta}_5$

Step 7 $\mathcal{N}(\boldsymbol{\theta}_6, \Sigma)$ からサンプル生成、$\boldsymbol{\theta}' = (-1.302, 1.048)$。$\log \pi(\boldsymbol{\theta}')/\pi(\boldsymbol{\theta}_6) = 17.0$ で、無条件に採択。$\boldsymbol{\theta}_7 = \boldsymbol{\theta}'$

このように繰り返していくと、200 ステップほどで正解である $\boldsymbol{\theta} = (\alpha, \beta) = (1.0, 1.0)$ 付近に辿り着き（図 4.2 左下）、その後は確率の高い状態を中心に、周辺をうろうろしています（図 4.2 右下）。

　図 4.3 は横軸をステップ数にして α と β の推移を示しています。このよう

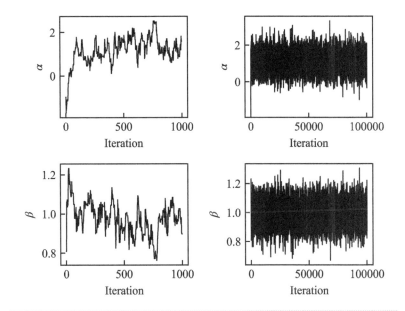

|図 4.3| **トレースプロットの例**

上が直線の切片 α、下が傾き β。左が初期状態から最初の 1000 ステップまで、右が 10 万ステップまでを示している。

な図は**トレースプロット** (trace plot) と呼ばれます。初期値から出発して最初の 100 ステップくらいまでは確率が低い初期状態から高い状態へ遷移する過程が見えています。200 ステップを越えてからはサンプルは定常分布に収束しています。最初の 200 ステップは初期状態に依存しているので捨てて、$\{\alpha, \beta\}$ の MCMC サンプル 10 万組を手に入れるために 100200 ステップまで計算しました。定常分布に達するまでのサンプルを捨てることは **burn-in** と呼ばれます。

以上で、MCMC の仕事はおしまいです。MCMC の目的は推定したい確率分布のサンプルを生成することです。そのサンプルからどのようにして情報を取り出すかは別の話です。

図 4.4 は MCMC サンプルから得られる α と β の同時事後確率分布とそれぞれの周辺事後確率分布です。MCMC に限らず、このような図は**コーナー**

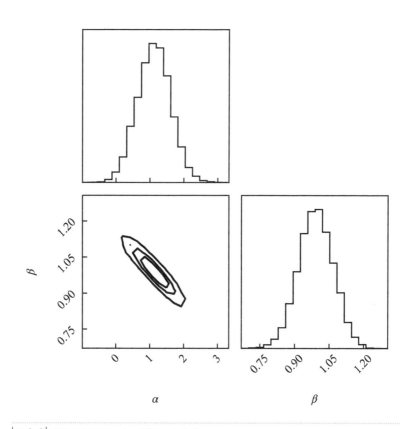

│図 4.4│ 事後分布のコーナープロットの例
左下が α と β の同時分布。ヒストグラムになっているのがそれぞれの周辺分布。

プロット (corner plot) と呼ばれます。この問題においては事後分布が正規分布になることは解析的にもわかりますが (第 1 章参照)、MCMC サンプルもそのような分布になっています。α と β の相関も、第 0 章の図 0.1 右と特徴が一致しています。

　α と β の代表的な値は MCMC サンプルから簡単に手に入ります。例えば分布の平均値が知りたいなら、それぞれ 10 万個のサンプルの平均を計算するだけです。また、α と β それぞれで値が小さい順にソートすれば、中央値や分位点を得るのも容易です。例えば、α の値が小さい方から $10^5 \times 0.025 = 2500$ 番

目を下限、同じく大きい方から2500番目を上限とする区間には全体の95%の
サンプルが入ります。これを α の不定性の指標と考えて良いでしょう。この
区間は第1章で仮説検定を利用して定めた信頼区間とは全くの別物なので、
ベイズ信頼区間、**信用区間・確信区間** (credible interval) など、別の呼び方
をします。信用区間は下限と上限が同じ確率密度になるようにも定義できま
す。非対称な分布ではその方が好ましい結果を出す傾向にあります。

　本節の例ではMCMCサンプル10万組から平均値と95%信用区間として
$\alpha = 1.12^{+0.98}_{-0.95}$、$\beta = 0.99^{+0.15}_{-0.15}$ が得られました。ちなみに解析的な最尤解と
95%信頼区間は1.2節で計算した通り $\alpha = 1.11 \pm 0.95$、$\beta = 0.99 \pm 0.15$
です。正規線形モデルで事前分布が一様分布なら、両者は一致します。

　本節ではMCMCによる確率分布の推定の概要を説明しました。メトロポ
リス法は単純なアルゴリズムです。なぜこのアルゴリズムで目的とする確率
分布からのサンプルが得られるのでしょうか？

4.2　MCMCの原理

詳細釣り合い条件

　定常状態にある気体原子の集団を考えましょう。物理ではよくあるモデル
ですね。図4.5はこの原子のエネルギー準位を模式的に示しています。原子
の総数 N は不変とし、i 番目のエネルギー準位 θ_i にいる原子の数を $n(\theta_i)$ と
します。無作為に選んだ1つの原子が状態 θ_i にいる確率は $\pi(\theta_i) = n(\theta_i)/N$
と考えて良いでしょう。この系は定常状態にあるので、$n(\theta_i)$ や $\pi(\theta_i)$ は時
間に対して一定です。つまり、$\pi(\theta)$ は定常な確率分布といえます。

　しかし、ある時刻に状態 θ_i にいる原子はその後もずっと同じ状態に留ま
るわけではありません。光子の吸収や別の粒子の衝突によって原子はエネル
ギーの高い状態へ遷移し、その後、エネルギーの低い状態に戻ります。ひと
つひとつの原子は状態を変えていきながら、全体としては定常な分布となる
ために必要な条件はなんでしょうか？

　まず、任意の状態 θ_i に関して、そこから別の状態へ出ていく原子の数と、
別の状態からそこに入ってくる原子の数が常に釣り合わないといけません。1

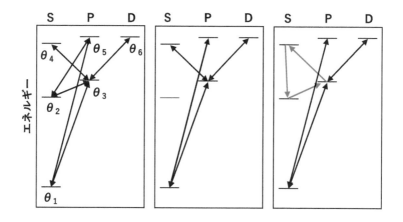

図4.5 ある原子のエネルギー準位と遷移則
熱平衡状態であればひとつひとつの原子は状態遷移を繰り返すが、各エネルギー準位に
存在する原子の数は一定を保つ。中央と右は MCMC における既約性と非周期性を満た
していない状況を模式的に表したものであり、実際の原子の遷移則は無視している。

つの原子が状態 θ_i から状態 θ_j に遷移する確率を $p(\theta_i \to \theta_j)$ のように書く
と、この条件は以下のように表されます。

$$\sum_{\theta_j} n(\theta_i)p(\theta_i \to \theta_j) = \sum_{\theta_j} n(\theta_j)p(\theta_j \to \theta_i) \tag{4.2}$$

左辺は状態 θ_i から様々な他の状態に出ていく数 (期待値) を足し合わせたも
ので、右辺は逆に他の状態から状態 θ_i に遷移してくる数を足し合わせたもの
です。この釣り合いが成り立っていないと、ある状態にいる原子がどんどん
増えたり、逆にどんどん減ってしまい、定常状態ではなくなります。この式
は両辺を N で割れば、確率を用いて、

$$\sum_{\theta_j} \pi(\theta_i)p(\theta_i \to \theta_j) = \sum_{\theta_j} \pi(\theta_j)p(\theta_j \to \theta_i) \tag{4.3}$$

とも書けます。

　MCMC の最初の「MC」、つまり「マルコフ連鎖」とは、次のステップの
状態が今の状態のみに依存する連鎖 (＝チェーン) を意味します。MCMC は

ステップごとに状態が変わっていくので、1つの原子が状態遷移していく様子と似ています。したがって、チェーンのサンプルが定常な確率分布からのサンプルであるためには、MCMC の遷移確率 $p(\theta_i \to \theta_j)$ も当然、式 (4.3) のような釣り合い条件を満たさなければいけません。釣り合いの条件を満たすように $p(\theta_i \to \theta_j)$ を工夫することが MCMC の肝といえます。

釣り合い条件以外にも遷移確率 $p(\theta_i \to \theta_j)$ が満たすべき条件があります。まず、遷移を何度繰り返しても決して到達できない状態が存在してはいけません (図 4.5 中央)。この条件を**既約性** (irreducible) といいます。また、いくつかの状態間で周期的な状態遷移が起こってしまうと、目的の定常分布になりません (図 4.5 右)。この条件を**非周期性** (aperiodic) といいます。既約性と非周期性は、本書で扱うような連続変数の MCMC では、通常、問題になりません。

やはり問題は式 (4.3) の釣り合い条件を満たすような遷移確率 $p(\theta_i \to \theta_j)$ の設定です。式 (4.3) はあらゆる状態を合計したときにバランスが取れていればそれで良い、という条件を意味します。例えば、θ_i から θ_j にはたくさん遷移するけど、θ_j から θ_i にはあまり遷移しないとき、θ_i の粒子はどんどん θ_j に取られていきます。でも、別の状態 θ_k から θ_i に粒子がたくさんやってくれば、それでバランスを取れます。しかし、MCMC の場合、これでは状態ごとに遷移確率を調整しなければならず、自由度が高すぎて扱いづらくなります。

そこで、MCMC では式 (4.3) の代わりに、任意の状態の組 θ_i と θ_j に対して、以下のより強い条件がよく使われます。

$$\pi(\theta_i)p(\theta_i \to \theta_j) = \pi(\theta_j)p(\theta_j \to \theta_i) \tag{4.4}$$

つまり、ひと組ごとに必ずバランスが取れるように設定するのです。これは**詳細釣り合い** (detailed balance) の条件と呼ばれます。気体原子でも熱力学平衡状態では詳細釣り合いが成り立っています。詳細釣り合い条件が元の式 (4.3) の釣り合い条件を満たすのは自明です。

さて、既約性、非周期性、釣り合い条件を、これまでは MCMC サンプルが定常分布になるための条件として紹介してきました。では、これらの条件さえ満たせば、MCMC サンプルの分布は目的となる確率分布に必ず一致す

るのでしょうか。本書では省略しますが、実はそれは証明されています。任意の初期値から MCMC を開始して、必ず唯一の目的分布に収束すると理論的に保証されているのです。詳しくは MCMC の専門書をご覧ください。[5]

メトロポリス・ヘイスティングス法

　詳細釣り合いを満たすような遷移則は様々なものが考えられ、前節で扱ったメトロポリス法はそのような MCMC アルゴリズムの1つです。メトロポリス法が詳細釣り合いを満たしていることを確認しましょう。2つの状態 $\boldsymbol{\theta}$ と $\boldsymbol{\theta}'$ に対して、まず、$\boldsymbol{\theta}'$ の方が確率が高い、つまり $\pi(\boldsymbol{\theta}) < \pi(\boldsymbol{\theta}')$ の場合を考えます。このときメトロポリス法で $\boldsymbol{\theta}$ から $\boldsymbol{\theta}'$ へ遷移する確率は提案分布 $q(\boldsymbol{\theta} \to \boldsymbol{\theta}')$ を用いて、

$$p(\boldsymbol{\theta} \to \boldsymbol{\theta}') = q(\boldsymbol{\theta} \to \boldsymbol{\theta}') \tag{4.5}$$

すなわち、提案分布の確率に等しくなります。なぜなら、$\pi(\boldsymbol{\theta}) < \pi(\boldsymbol{\theta}')$ なら確率1で採択するのがメトロポリス法のルールだからです。一方、$\boldsymbol{\theta}'$ から $\boldsymbol{\theta}$ へ遷移する確率は以下です。

$$p(\boldsymbol{\theta}' \to \boldsymbol{\theta}) = q(\boldsymbol{\theta}' \to \boldsymbol{\theta})\frac{\pi(\boldsymbol{\theta})}{\pi(\boldsymbol{\theta}')} \tag{4.6}$$

今度は遷移先の方が確率が低いので、メトロポリス法では確率 $\pi(\boldsymbol{\theta})/\pi(\boldsymbol{\theta}')$ で採択するのがルールでした。すると、詳細釣り合いの式 (4.4) の左辺は、

$$
\begin{aligned}
\pi(\boldsymbol{\theta})p(\boldsymbol{\theta} \to \boldsymbol{\theta}') &= \pi(\boldsymbol{\theta})q(\boldsymbol{\theta} \to \boldsymbol{\theta}') \\
&= \frac{q(\boldsymbol{\theta} \to \boldsymbol{\theta}')}{q(\boldsymbol{\theta}' \to \boldsymbol{\theta})}\pi(\boldsymbol{\theta}')p(\boldsymbol{\theta}' \to \boldsymbol{\theta}) \\
&= \pi(\boldsymbol{\theta}')p(\boldsymbol{\theta}' \to \boldsymbol{\theta})
\end{aligned}
\tag{4.7}
$$

となり、メトロポリス法は詳細釣り合い条件を満たすことがわかります。ここで、最初の式変形は式 (4.5) を、2つ目の式変形は式 (4.6) を、そして最後にメトロポリス法における提案分布の対称性、すなわち、$q(\boldsymbol{\theta} \to \boldsymbol{\theta}') = q(\boldsymbol{\theta}' \to \boldsymbol{\theta})$ を使っています。$\pi(\boldsymbol{\theta}) > \pi(\boldsymbol{\theta}')$ の場合も同じようにして詳細釣り合いを満たすことが確認できます。

　メトロポリスは物理学者でした。1953 年に現在メトロポリス法と呼ばれる
モンテカルロ法を発表した背景には、統計力学において多数の粒子の全位相
空間を総当たりで計算する困難さがありました。そして 1970 年、統計学者
であるヘイスティングスは、メトロポリスのモンテカルロ法を一般的な確率
分布の推定法に拡張し、現在その手法は**メトロポリス・ヘイスティングス法**
(Metropolis-Hastings algorithm: MH 法) と呼ばれます。

　もし事後分布が非対称なら、提案分布が対称なメトロポリス法ではサン
プリングの効率が悪くなります。MH 法は非対称な提案分布でも使えるた
め、そのような分布でも高い効率を実現します。メトロポリス法では提案
分布 $q(\theta \to \theta')$ を使って状態 θ から次の候補 θ' が提案されたとき、確率
$\min(1, \pi(\theta')/\pi(\theta))$ で θ' を採択しました。これに対して、MH 法では提案
分布も含めた確率 $\min(1, \pi(\theta')q(\theta' \to \theta)/\pi(\theta)q(\theta \to \theta'))$ で θ' を採択し
ます。この MH 法が詳細釣り合いを満たすことは、メトロポリス法と同様の
やり方で確認できますので、興味があればやってみてください。

　MH 法の面白い特徴は、どんな提案分布を使っても長く繰り返していけば必
ず目的の分布に収束することです。提案分布よりも遷移則が大事なのであっ
て、詳細釣り合いを満たすように遷移則を定めさえすれば、得られる分布は
提案分布に依りません。したがって、MH 法を実装する際に、提案分布の形
状などをどう設定すれば正しい結果が得られるのか、という悩みは不要です。
また、初期値にも依存しません。とても確率が低い初期値から始めても、適
切に burn-in すれば、目的の分布が得られます。

　ただし、それは十分長く MCMC できる場合に限ります。長くやっていれ
ばいつかは目的の分布が得られると保証されていても、現実的にはそんなに
長くは待てません。そこで、効率良くサンプリングする提案分布の選択が実
用上は大切です。

　図 4.6 は前節の問題に対して、提案分布である正規分布の分散をより小さ
く (左)、もしくは大きく (右) した結果を示しています。前節の図 4.2 や図
4.3 と比較してください。分散が小さいとステップごとの移動量が小さいの
で、大きく確率が下がることは稀で、候補が採択される確率が上がります。し
かし、少しずつしか動かないので、分布全体をサンプリングするのに時間が
かかります。逆に分散が大きいと、ステップごとの移動量が大きいので、分

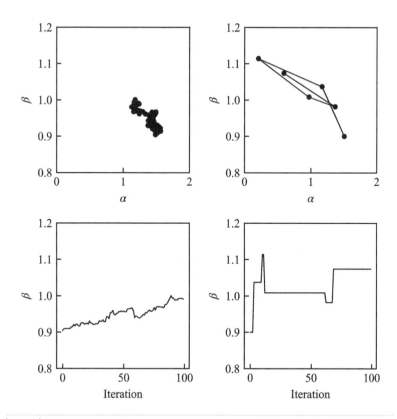

図 4.6 提案分布の分散が小さすぎる場合 (左) と大きすぎる場合 (右) の、MCMC サンプル

上はモデルである直線の傾き α と切片 β の散布図。下は β のトレースプロット。データとモデルは前節のものと同じ。

布全体をサンプリングする時間は短くなりそうですが、確率が低いところに遷移しようとする頻度が高く、候補の採択率が下がり、結局、時間がかかります。図 4.6 右下のトレースプロットでは 100 ステップの間に 5 回しか状態遷移が実現していません。どちらでも、とても長く MCMC を繰り返せば同じ分布になりますが、適切な分散の提案分布を使えば、計算時間が短縮できます。

　提案分布の設定は θ の次元が高いと特に重要です。高次元の問題では等方

的に遷移しようとするとほとんど採択されなくなるからです。前節の問題では直線の切片 α と傾き β の間に相関、つまりゼロでない共分散の存在が図 4.4 からわかります。このような事後分布のサンプリングに、共分散がゼロの 2 次元正規分布を提案分布として使うと効率が悪くなるのは当然で、適切な共分散を設定したくなります。しかし、事後分布を推定するために提案分布を設計して MCMC するのであって、MCMC する前に事後分布の正しい分散共分散行列はわかりません。**適応的メトロポリス法** (adaptive Metropolis algorithm) では、分散共分散行列を MCMC サンプルから学習して少しずつ適切なものへ更新していきます。[6] 一般的には詳細釣り合いが破れてしまうので、MCMC の途中で提案分布を変えてはいけません。適応的メトロポリス法では分散共分散行列の学習が終わったあとから、本当の MCMC を開始します。

4.3　様々なアルゴリズム

前節では目的の確率分布からサンプリングするために MCMC が満たすべき条件を示し、基本的な MCMC アルゴリズムとして MH 法を紹介しました。もう 1 つ、**ギブスサンプラー** (Gibbs sampler) と呼ばれる手法も MCMC の基本アルゴリズムとして有名です。これは同時分布 $\pi(\boldsymbol{\theta})$ はわからないけど、条件付き分布 $\pi(\theta_i|\theta_0, \theta_1, \cdots, \theta_{i-1}, \theta_{i+1}, \cdots)$ ならわかる、という状況を利用して、効率の良いサンプリングを可能にします。例えば、目的分布が多変量正規分布だとわかっていれば、その条件付き分布も正規分布の形で与えられるので (7.2 節参照)、ギブスサンプラーが使えます。ここでは詳細は省略します。

本節では基本から一歩進んだアルゴリズムの例を 2 つ紹介します。

ハミルトニアンモンテカルロ法

MH 法では今の状態からむやみに遠い状態に遷移しようとすると、確率が低くなりがちで、採択率が下がります。したがって、今の状態から近い状態への遷移を続けて、パラメータ空間の中を少しずつ移動するしかありません。しかし、それだと分布全体をサンプリングするのにどうしても時間がかかって

しまいます。同じような確率をもつ遠くの状態に飛んでいける方法が欲しいところです。本節で扱う**ハミルトニアンモンテカルロ** (Hamiltonian Monte Carlo: HMC) 法はそれを実現します。

ハミルトニアン、と聞いて「あのハミルトニアンと MCMC に何の関係が？」と思う読者もいれば、「はて、ハミルトニアンって何やったっけ？ 解析力学やったっけ？」と思う読者もいるでしょう。後者の人でも大丈夫。ここでは力学が登場しますが、例示する系は高校物理の範疇ですし、忘れてしまった用語が出てきても解析力学の教科書を少し読み直せば十分です。

HMC ではモデルパラメータ $\boldsymbol{\theta}$ を「座標」、確率 $\pi(\boldsymbol{\theta})$ を「ポテンシャル」に見立てます。そして、エネルギーが保存するよう、運動方程式に従ってパラメータ空間を移動することで、同じような確率をもつ遠くの状態に遷移します。

これを実現するために、ハミルトン形式でいうところの $\boldsymbol{\theta}$ に共役な正準運動量 $\boldsymbol{p}$ を確率変数として導入します。HMC では $\boldsymbol{\theta}$ と $\boldsymbol{p}$ の同時確率分布 $\pi(\boldsymbol{\theta}, \boldsymbol{p})$ からサンプリングします。いやいや、欲しいのは $\pi(\boldsymbol{\theta})$ であって、$\pi(\boldsymbol{\theta}, \boldsymbol{p})$ ではないよ、と思った方、ご安心を。$\boldsymbol{\theta}$ と $\boldsymbol{p}$ は互いに独立、つまり $\pi(\boldsymbol{\theta}, \boldsymbol{p}) = \pi(\boldsymbol{\theta})\pi(\boldsymbol{p})$ にするので、$\pi(\boldsymbol{\theta}, \boldsymbol{p})$ からサンプリングした $\boldsymbol{\theta}$ のサンプルは $\pi(\boldsymbol{\theta})$ のサンプルなのです。

ここからは簡単のため $\boldsymbol{\theta}$ が 1 次元の問題 $\pi(\theta, p)$ を考えます。いま、ポテンシャルを $U(\theta) = -\log \pi(\theta)$ として、質量 m をもつ質点の運動を考えます。確率分布の「山」の対数を逆さまにしたポテンシャルの「谷」に対してビー玉を弾いて軌道を追っていけば、その軌道に沿ってエネルギーは保存します。この系のハミルトニアン $H(\theta, p)$ は以下で表されます。

$$H(\theta, p) = -\log \pi(\theta) + \frac{1}{2m}p^2 = U + K \tag{4.8}$$

ここで、運動エネルギーは $K = \frac{1}{2m}p^2$ です。このハミルトニアンから以下の運動方程式が得られます。

$$\dot{p} = -\frac{\partial H}{\partial \theta} = -\frac{dU}{d\theta} = -U'(\theta)$$
$$\dot{\theta} = \frac{\partial H}{\partial p} = \frac{p}{m} \tag{4.9}$$

ここまでは力学の話です。

次にハミルトニアンと同時確率分布 $\pi(\theta, p)$ の関係を見ましょう。

$$
\begin{aligned}
H(\theta, p) &= -\log \pi(\theta) + \frac{1}{2m}p^2 \\
&= -\log \pi(\theta) - \log\left(\exp\left\{-\frac{1}{2m}p^2\right\}\right) \\
&= -\log\left(\pi(\theta)\exp\left\{-\frac{1}{2m}p^2\right\}\right) \\
&= -\log \pi(\theta)\pi(p) \\
&= -\log \pi(\theta, p)
\end{aligned}
\tag{4.10}
$$

ここで、運動量 p の分布 $\pi(p)$ を平均ゼロ、分散 m の正規分布にしています。このように、$\pi(\theta, p)$ はギブス分布 $\pi(\theta, p) = \exp(-H(\theta, p))$ の形でハミルトニアンと結びつきます。

HMC アルゴリズムの詳細に進む前に、HMC によるサンプリングがイメージできるよう、簡単な例を示します。平均 1.0、分散 1.0 の正規分布 $\pi(\theta) \propto \exp\{-(\theta - 1.0)^2/2\}$ を HMC でサンプリングしてみましょう。図 4.7 左上は横軸を θ、縦軸を p として HMC での状態遷移を示しています。この図は物理学的には位相空間です。p の分布は上述のように既知の正規分布 $\mathcal{N}(0, m)$ なので、興味があるのは θ の分布です。

まず、$(\theta, p) = (-3.0, 0.0)$ の初期状態 1 から式 (4.9) の運動方程式に従って移動し、一定時間が経過して白丸の状態 2 に到着します。等ハミルトニアン曲線に沿って動いていることが図から確認できます。ここでメトロポリス法と同じく、状態 1 の確率 $\pi(\theta_1, p_1)$ と状態 2 の確率 $\pi(\theta_2, p_2)$ を比較して、状態 2 を採択するか決めます。しかし、運動方程式に従って、エネルギーが一定になるように移動してきたので、双方の状態のハミルトニアン $H(\theta_1, p_1)$ と $H(\theta_2, p_2)$ は等しく、式 (4.10) から、$\pi(\theta_1, p_1)$ と $\pi(\theta_2, p_2)$ も等しくなります。したがって、状態 2 は必ず採択されます。MH 法とは違い、遠くの θ への移動に成功しました。

このままエネルギーを保ちながら移動し続けると、元の状態に戻り、その後もぐるぐる回り続けて周期的になってしまいます。そこで、状態 2 から運動量 p をサンプリングし直して、状態 3 へ飛びます。p の確率分布 $\pi(p)$ は正

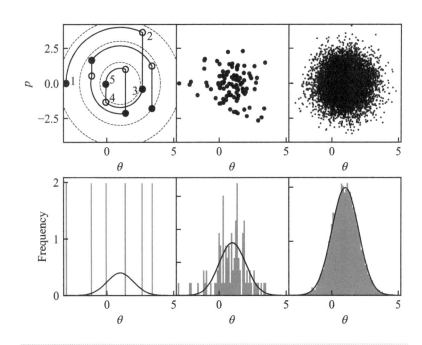

図4.7 HMC によるサンプリングの例

平均 1.0、分散 1.0 の正規分布をサンプリングしている。上：パラメータ θ とその正準運動量 p の散布図。下：サンプルのヒストグラムと目的とする正規分布。左：最初の 6 ステップ。中央：100 ステップ。右：1 万ステップ。左上の点線は等ハミルトニアン曲線を表す。

規分布 $\mathcal{N}(0, m)$ なので、サンプリングするのは容易です。ここでは $m = 1$ としました。運動量を変える操作は、例えていえば、状態 1 で谷に向かってボールを蹴り出して、一定時間経過して状態 2 まで来たらボールを蹴り直すのと同じです。また、この状態 2 から 3 への操作で θ は影響を受けません。

あとはこの繰り返しです。状態 3 から同じだけ時間が経過して状態 4 まで移動します。やはりエネルギーを保存しながら移動してきたので確率も同じで、状態 4 は必ず採択されます。そして、運動量をサンプリングし直して、状態 5 に飛びます。これを 100 回繰り返した結果が図 4.7 中央、1 万回繰り返した結果が図 4.7 右です。左上図の黒丸の状態だけを表示しています。ヒストグラムを見ると、正しく $\pi(\theta)$ を推定できていることがわかります。

このHMCを実装するには式 (4.9) の運動方程式を数値的に解きますが、下手な数値解法を用いると時間とともに誤差が大きくなってしまいます。このような問題には**リープフロッグ法** (leap-frog algorithm) がよく使われます。この解法は、時刻 t の状態 $(\theta(t), p(t))$ から、一歩先の $(\theta(t+1), p(t+1))$ を、式 (4.9) に基づいて以下のように計算します。

$$p\left(t + \frac{1}{2}\right) = p(t) - \frac{\varepsilon}{2}U'(\theta(t))$$

$$\theta(t+1) = \theta(t) + \varepsilon p\left(t + \frac{1}{2}\right) \qquad (4.11)$$

$$p(t+1) = p\left(t + \frac{1}{2}\right) - \frac{\varepsilon}{2}U'(\theta(t+1))$$

ポイントは運動量のみ、半歩先 $p(t+1/2)$ も計算することです。これによって、誤差が小さくなります。

リープフロッグ法に限りませんが、運動方程式を数値的に解くためにはポテンシャル $U = -\log \pi(\theta)$ の勾配 U' の計算が必須です。そのため、U は微分可能でなければなりません。勾配が解析的に得られないときは数値微分、すなわち、小さい δ だけ前後の状態を使って、$U' \sim (U(\theta + \delta) - U(\theta - \delta))/2\delta$ と計算できます。

式 (4.11) の ε は時刻 1 ステップでポテンシャルの勾配方向に進む量を決めます。そして時刻 L ステップだけ進み、HMC の 1 ステップとして状態遷移します。ε と L は調整できます。ε が大きいほどリープフロッグ法の時刻 1 ステップで遠くまで進めますが、数値誤差は大きくなります。逆に ε を小さくすると 1 ステップの移動距離が短くなるため、遠くまで行くためには L が大きくなり、計算回数が増えます。この 2 つの量の調整が HMC の性能を決めます。

ε と L をうまく設定したとしても、数値的に解く以上、運動方程式の解には必ず誤差が生じます。図 4.7 の例では遷移先の確率が同じなので必ず採択されると述べましたが、正しくはメトロポリス法と同じく、確率

$$r = \min\left(1, \frac{\pi(\theta', p')}{\pi(\theta, p)}\right) = \min\left(1, \exp(H(\theta, p) - H(\theta', p'))\right) \quad (4.12)$$

で採択します。ここで式 (4.10) から $\pi(\theta, p) = \exp(-H(\theta, p))$ を使いまし

た。この遷移則と力学の組み合わせから、HMC は最初 Hybrid Monte Carlo と呼ばれました。こちらでも略称は HMC になるのでややこしいですが、同じアルゴリズムです。HMC が詳細釣り合いを満たすことは、i) この力学系が可逆、つまり、(θ_i, p_i) から (θ_j, p_j) へ遷移したあと、運動量の向きを逆にすれば、$(\theta_j, -p_j)$ から $(\theta_i, -p_i)$ へ戻ること、ii) 位相空間ではリウビルの定理が成り立つこと、そして iii) 運動量に関する対称性、つまり、$\pi(p) = \pi(-p)$ であり、$H(\theta, p) = H(\theta, -p)$ であること、から証明できますが、ここでは省略します。

θ が多次元になると、式 (4.11) のポテンシャルの勾配は ∇U となり、運動量の確率分布は以下の多次元正規分布で与えられます:

$$\pi(\boldsymbol{p}) \propto \exp\left(-\frac{1}{2}\boldsymbol{p}^T M^{-1} \boldsymbol{p}\right) \tag{4.13}$$

ここで行列 M は質量行列と呼ばれ、パラメータ間の相関を考慮した共分散を設定すれば、効率良くサンプリングできます。

HMC のアルゴリズムをまとめておきましょう。

1. 多次元正規分布 $\pi(\boldsymbol{p})$ からサンプリングして $\boldsymbol{p}_i$ を決める。
2. 状態 $(\boldsymbol{\theta}_i, \boldsymbol{p}_i)$ から運動方程式をリープフロッグ法で解き、候補 $(\boldsymbol{\theta}', \boldsymbol{p}')$ を生成する。
3. 確率 $\min\{1, \pi(\boldsymbol{\theta}', \boldsymbol{p}')/\pi(\boldsymbol{\theta}_i, \boldsymbol{p}_i)\}$ で $\boldsymbol{\theta}'$ を採用し、$\boldsymbol{\theta}_{i+1} = \boldsymbol{\theta}'$ とする。採用されなかったら $\boldsymbol{\theta}_{i+1} = \boldsymbol{\theta}_i$。
4. 1. に戻る。

$\pi(\boldsymbol{\theta}, \boldsymbol{p})$ がほぼ同じ状態に移動するため、高い採択率で遠くの $\boldsymbol{\theta}$ に遷移できるのが HMC の特徴です。そのために多数の勾配計算をするので、計算量は MH 法に比べて多くなります。

本書執筆時点 (2022 年)、統計モデリングのプラットフォーム Stan が汎用性の高い MCMC ソフトウェアの 1 つとして知られています。[7] Stan は HMC を発展させた NUTS (No-U-Turn Sampler) を使っています。運動方程式に従って移動し、元の状態に戻ったら (U-turn したら)、そこで移動をやめて、それまでの軌跡から次の状態を決めるのが NUTS です。本書でも特にアルゴリズムを明示していない MCMC には Stan を使っています。Python

から Stan を使う簡単なプログラムを付録 A.1 に載せています。Stan の流行に伴って HMC が注目されましたが、物理を学んでいない人にとって HMC のハードルがとても高いことは想像に難くありません。物理の人たちのアドバンテージといえます。

レプリカ交換モンテカルロ法

MCMC の利点として、局所解に囚われない点がしばしば挙げられます。勾配法のような最適化アルゴリズムでは目的関数の微分がゼロに近くなると、たとえそこが局所解でも探索をやめてしまいます。その点、MCMC は同じ状態に留まらないため、局所解付近をサンプリングしていても、いつかは大域解に移動すると期待できます。

本当にそうでしょうか？ 図 4.8 は 1 次元のパラメータ θ に関して 2 つのピークをもつ確率分布をメトロポリス法でサンプリングした結果です。パラ

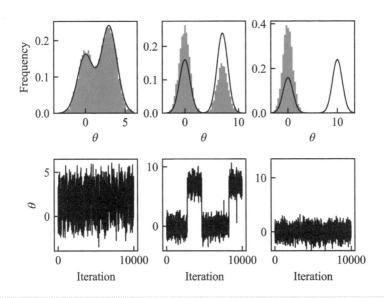

図4.8 ピークが2つある分布を MH 法でサンプリングした結果
上が分布、下がトレースプロットを示す。左から順に確率のピークが離れ、それに伴って分布の推定精度が落ちる。

メータ空間の中で 2 つの解が近いとき (左) は両方ともうまくサンプリングできています。しかし、2 つの解が離れるにつれて、片方から他方への遷移が稀にしか起こらず、分布の推定精度が低くなります。この稀にしか起こらない遷移が十分繰り返されるまで MCMC を続ければ推定精度が上がりますが、そんな時間はありません。これは HMC 法でも同様です。HMC 法なら大きな運動量の状態に遷移すれば確率の谷を越えられるかもしれませんが、ちょうど良い方向の運動量への遷移はやはり稀にしか起こりません。

局所解に強い手法の 1 つが本節で紹介する**レプリカ交換モンテカルロ法** (replica exchange Monte Carlo) です。[8] この手法は**パラレル・テンパリング** (parallel tempering) とも呼ばれます。[9] レプリカ交換法では目的とする分布 $\pi(\boldsymbol{\theta})$ と、そのレプリカである K 個の分布 $\pi(\boldsymbol{\theta}|T_k) = \pi(\boldsymbol{\theta})^{1/T_k}$ を考えます。それぞれ独立に MCMC でサンプリングしながら、たまにレプリカ間で状態を交換し、これら複数の分布全てを推定します。

この手法が図 4.8 のような多峰性の問題に有効な理由を説明します。まず、前述のハミルトニアンと確率分布の関係 (式 (4.10)) のように、確率分布 $\pi(\boldsymbol{\theta}|T_k)$ をエネルギー $E(\boldsymbol{\theta})$ に関するギブス分布の形で表しましょう。

$$\pi(\boldsymbol{\theta}|T_0) = \frac{\exp\left(-\frac{E(\boldsymbol{\theta})}{T_0}\right)}{Z(T_0)}$$

$$\pi(\boldsymbol{\theta}|T_1) = \frac{\exp\left(-\frac{E(\boldsymbol{\theta})}{T_1}\right)}{Z(T_1)} \tag{4.14}$$

$$\vdots$$

$$\pi(\boldsymbol{\theta}|T_K) = \frac{\exp\left(-\frac{E(\boldsymbol{\theta})}{T_K}\right)}{Z(T_K)}$$

物理学的には $Z(T_k)$ は分配関数です。また、本来なら上式はボルツマン定数 k_B を含みますが、ここでは $k_B = 1$ としています。$T_0 = 1$ として、最も低温な一番上の式が本来推定したい目的分布 $\pi(\boldsymbol{\theta})$ です。わかりやすいよう、$T_0 < T_1 < \cdots < T_K$ としましょう。エネルギー $E(\boldsymbol{\theta})$ は、例えばデータ $\boldsymbol{y}$ を $\boldsymbol{\theta}$ の正規線形モデルで表す問題なら、$E(\boldsymbol{\theta}) = \|\boldsymbol{y} - \boldsymbol{X}\boldsymbol{\theta}\|_2^2$ の形になります (第 1 章参照)。

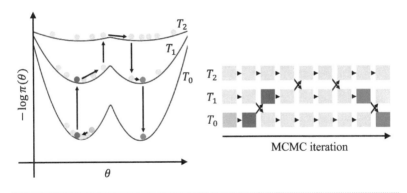

図4.9｜レプリカ交換法の模式図

左：温度 T_k ごとのポテンシャル $-\log \pi(\theta)$ と、その中で遷移するサンプルの様子。温度が高ければ、ポテンシャルの壁は実質的に低くなり、広いパラメータ空間を探索できる。右：温度ごとの MCMC ステップと交換の様子。異なる温度間で状態を交換すれば、ポテンシャルの壁を越えて青色の解から赤色の解に遷移できる。[5, 10, 11]

　式 (4.14) から、T_k がまさに温度に相当するとわかります。物理の問題として、温度が低いとポテンシャルの壁を越えられないが、温度が高ければその壁を越えて遷移できる、と連想できれば、レプリカ交換法のアイデアが理解できます。図 4.9 はそれを模式的に表しています。温度が低いと 1 つの解にはまって抜けられなくなります。温度が高くなるとポテンシャルの谷が浅くなるのと同じ効果があり、局所解から脱しやすくなります。目的分布である温度の低い分布と、レプリカとして作った温度の高い分布との間で状態の交換を繰り返せば、広いパラメータ空間全体を捜索できます。

　各温度での分布は MH 法や HMC 法などの MCMC アルゴリズムでサンプリングします。分布間の交換は、適度なタイミングでランダムに k を選び、温度 T_k の系列での状態 $\boldsymbol{\theta}_k$ と温度 T_{k+1} の系列での状態 $\boldsymbol{\theta}_{k+1}$ を以下の確率 r で交換します。

$$r = \min\left(1, \frac{\pi(\boldsymbol{\theta}_{k+1}|T_k)\pi(\boldsymbol{\theta}_k|T_{k+1})}{\pi(\boldsymbol{\theta}_k|T_k)\pi(\boldsymbol{\theta}_{k+1}|T_{k+1})}\right) \tag{4.15}$$

交換したあとの確率 $\pi(\boldsymbol{\theta}_{k+1}|T_k)\pi(\boldsymbol{\theta}_k|T_{k+1})$ の方が交換する前の確率 $\pi(\boldsymbol{\theta}_k|T_k)\,\pi(\boldsymbol{\theta}_{k+1}|T_{k+1})$ より高ければ無条件に交換し、逆に低ければそれら

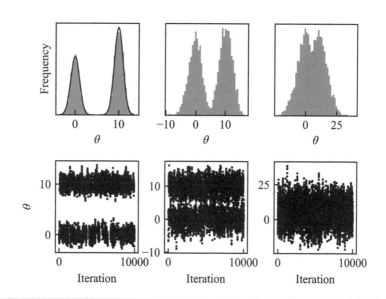

|図4.10|レプリカ交換による分布の推定例

図 4.8 右の分布を使用。左から順に温度 $(T_0, T_1, T_2) = (1.0, 5.5, 50.0)$ の結果。上が
MCMC サンプルの分布で、下がトレースプロットを示す。左上の実線は目的分布。

の比の確率で交換しますから、これはメトロポリス法の遷移則に似ています。
肝心なのは比の値なので、メトロポリス法と同様、式 (4.14) の分配関数の計
算は不要です。この交換則で詳細釣り合いが満たされ、レプリカ交換法のサ
ンプルが分布族全体からのサンプルになります。$\pi(\boldsymbol{\theta}|T_0)$ のサンプルから目
的の分布が得られます。

　では、図 4.8 右の分布をレプリカ交換法でサンプリングしてみましょう。
$K = 2$、つまり、目的分布の他に 2 つの高温のレプリカを設定します。それ
ぞれの MCMC には MH 法を使い、5 ステップに 1 回の頻度で交換を試しま
す。交換の成功率が 0.5 程度になるように温度を調節しました。図 4.10 が
結果です。左のパネルと図 4.8 右を比較するとわかるように、パラメータ空
間内で離れた解が存在するにもかかわらず、レプリカ間の交換がうまく行わ
れ、分布が正しく推定できています。中央と右のパネルは 2 つのレプリカの
分布です。温度が高くなるとともに、より広いパラメータ空間を探索できて

いMS。

　レプリカ交換法は確率分布が多峰である問題に対して強力です。その反面、計算量はレプリカの数だけ、つまり、K 倍増えるため、尤度や事後確率の計算に時間がかかるケースでは大きな問題となり得ます。ただし、k の方向には独立に計算できるので、並列計算によって計算時間を短縮できます。K や温度 T_k の設定は、多少、試行錯誤することになるでしょう。隣り合う分布の温度差を大きくしすぎると交換が実現する確率が低くなり、逆に小さくしすぎると交換はするものの、局所解を脱出できなくなります。適度な頻度で交換が実現する程度の温度と、広いパラメータ空間を探索するのに十分な K を設定します。温度とレプリカ数はサンプルから学習して適応的に決めることもできます。[12, 13]

4.4　実践例 1：活動銀河核ジェットの物理状態

　「ジェット」は長年にわたって多くの天文学者を惹きつけてきました。それは細く絞られたプラズマの噴流で、特にブラックホール付近から噴出するジェットは光速の 99%以上の速度をもちます (図 4.11)。どこで、どのようにして、そのような相対論的な速度まで加速されているのか、未だに理解されていません。

　銀河のなかには活動銀河核と呼ばれるひときわ明るい中心核をもつものがあり、そのエネルギー源は銀河の中心にある超巨大ブラックホールです。活動銀河核でもジェットが観測されます。図 4.11 右は活動銀河核ジェットで観測される放射エネルギーのスペクトルで、横軸は電磁波の周波数です。このエネルギースペクトルは磁場や、地球から見たジェットの速度 (ドップラー因子) など 10 個程度のパラメータをもつ物理モデルで説明されます。データは物理モデルに正規ノイズが加わった量、という統計モデルを考えれば、それらのパラメータ、つまり、ジェットの物理状態をデータから推定できます。ジェットの根元が理論的に予想されているような磁場に支配された状態なのか、どれほどのエネルギーをジェットがもっているのか、など、ジェットの謎に迫る手がかりを求めて、多くの人がこの研究に取り組んでいます。

　具体的な物理モデルを短く紹介しておきます。図 4.11 右のエネルギースペ

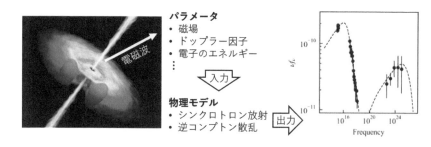

図4.11 エネルギースペクトルから活動銀河核ジェットの物理量を推定する問題
左：活動銀河核ジェットの想像図。中心のブラックホールに向かってガスが降着しつつ、極方向に細く絞られたジェットが噴出する。右：観測されるエネルギースペクトル。点線は最適なモデル。図のデータの周波数帯は左から可視光 ($\sim 10^{15}\,\mathrm{Hz}$)、X 線 ($\sim 10^{17}\,\mathrm{Hz}$)、ガンマ線 ($\sim 10^{24}\,\mathrm{Hz}$)。

クトルにおいて、周波数の低い成分 (可視光–X 線帯域、$10^{14-19}\,\mathrm{Hz}$) はジェット中の磁場にエネルギーの高い電子が巻きついて発生するシンクロトロン放射です。周波数の高い成分 (ガンマ線域、$> 10^{22}\,\mathrm{Hz}$) は、シンクロトロン光子を高エネルギー電子が叩き上げる逆コンプトン散乱放射だと考えられています。これらの放射強度は磁場の強さ (B)、ドップラー因子 (δ)、放射領域の大きさ (T)、そして電子のエネルギー分布 $N(\gamma_e)$ を与えれば計算できます。$N(\gamma_e)$ はエネルギー γ_e をもつ電子の数であり、ここでは折れ曲がりのあるベキ関数：

$$N(\gamma_e) = \begin{cases} K(\gamma_e/\gamma_b)^{-p_0} & (\gamma_e < \gamma_b) \\ K(\gamma_e/\gamma_b)^{-p_1} & (\gamma_e > \gamma_b) \end{cases} \tag{4.16}$$

で近似します。この式にパラメータが 4 個 (K, p_0, p_1, γ_b) 含まれていて、合計 7 個のパラメータをもつモデルを考えます。

　さて、残念ながら、図 4.11 右のデータを使って、この問題を解こうとすると、磁場やドップラー因子などのパラメータが互いに強く相関するため、現状では全てのパラメータを一意には決められません。そこで従来は、いくつかのパラメータを特定の値に固定するなどの強い制約を課し、一意に解が定まる問題にして解きます。このような処理は解を決めるためにやむを得ない

ものの、制約を与えるパラメータは 1 つなのか 2 つなのか、どのパラメータ を制約すべきなのか、固定した値を変えれば推定結果はどれほど変わるのか、 自明ではありません。

そこで、まずは強い制約を課さずに、事後確率を MCMC でサンプリン グしてみましょう。図 4.12 はその例です。[14] 尤度は上述の 7 個のパラメー タをもつ物理モデルに正規ノイズが加わるモデル、事前分布は磁場に対して $-10 \leq \log_{10} B \leq +5$ の範囲で一様としています。データは図 4.11 右のも のです。このモデルとデータで定まる事後分布を適応的メトロポリス法 (4.2 節参照) で 10 万組サンプリングし、最初の 2 万組は初期値に依存している部 分と判断して burn-in しました (4.1 節参照)。図 4.12 は MCMC サンプル から得られた 7 個のパラメータのコーナープロットです。

図 4.12 はこの問題に有用な知見を与えてくれます。まず、図中の上の 4 個 のパラメータ、すなわち、磁場 ($\log_{10} B$)、ドップラー因子 ($\log_{10} \delta$)、放射 領域の大きさ ($\log_{10} T$)、電子の数 ($\log_{10} K$) が、この 4 次元パラメータ空 間で直線状に強く相関しています。この直線上では事後確率は全て同じなの で、最適解は一意に決まりません。この構造は $\log_{10} B < -10$ でも続きま すが、$\log_{10} B$ の上限や、それに対応する $\log_{10} \delta$ の下限は決まるので、その 方向では定量的な議論ができます。

相関している 4 個のパラメータのうち、どれか 1 個に対して値に制約があ れば、それで解が一意に決まります。例えば、別の研究から $\log_{10} \delta = 1.0$ と 推定されていれば、図 4.12 の事後分布を $\log_{10} \delta = 1.0$ で切った断面の分布 がパラメータの分布に相当します。実際はその値にパラメータを固定するか、 適切な事前分布を設定し、再度 MCMC すれば良いでしょう。制約条件を変 えれば他のパラメータの値がどれほど変わるのかも、図 4.12 からわかりま す。例えば、$\log_{10} B$ と $\log_{10} \delta$ は傾きがほぼ -1 の直線上に MAP 解が分布 しているので、仮定していた $\log_{10} \delta = 1.0$ の値を 2.0 に変えれば、$\log_{10} B$ の値は 1 だけ小さくなります。

やってはいけないこともわかります。4 次元空間で直線状に相関している ので、2 個以上のパラメータに制約を課すのは危険です。例えば、$\log_{10} B$ を ある値に固定して、それで決まる $\log_{10} \delta$ の分布と矛盾しない値に $\log_{10} \delta$ を 固定するのは問題ありません。しかし、そうではない値に $\log_{10} \delta$ を固定し

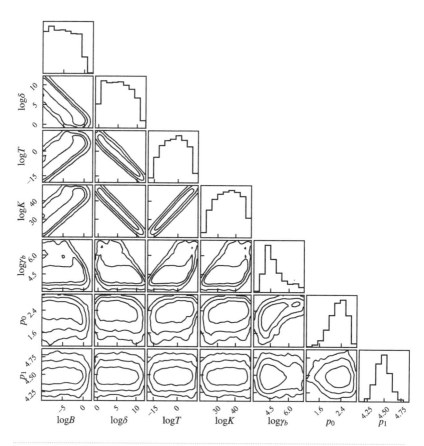

図 4.12 エネルギースペクトルの 7 個のモデルパラメータのコーナープロット
上の 4 個のパラメータが直線状に強く相関している。

てしまうと、データから与えられる MAP 解から外れた解が得られます。ま
た、図 4.12 から、強く相関していない残り 3 個のパラメータはデータから
一意に解が決まっています。したがって、これらのパラメータに制約は無用
です。

　以上の結果は 7 次元のパラメータ空間を総当たりで事後確率を計算しても得
られますが、計算時間的に難しくなります。したがって、この結果は MCMC
の「ご利益」といえます。MCMC はモデル最適化の手段としての側面もあ

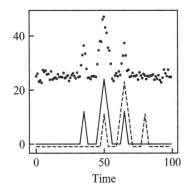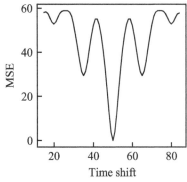

図4.13 | 波形データのモデルと局所解

左：データとモデル。時系列データ (黒丸) に対する真のモデル (実線) を少し時間方向にずらしたモデル (点線) もデータにやや適合する。右：データとモデルから計算したMSE。モデルの形状を固定したまま、時間方向に動かして計算した。真のモデル (Time shift = 50) で MSE は最小になるが、その前後でも MSE が極小となる局所解が存在する。

りますが、本節の例のように、最適解が決まらず、その解空間全体の構造を知りたいときに真価を発揮します。もっとも、より高次元で相関している状況、例えば、4次元パラメータ空間で1次元の直線状ではなく、3次元空間で全て同じ尤度になるような状況では、より広い空間のサンプリングが求められ、MCMC による同様のアプローチも破綻するかもしれません。

4.5　実践例2：地震波形の再構成

　時系列の波形データを再現するモデルには局所解の問題がつきものです。図4.13 に示すように、波形データに対する真のモデルを時間方向に一山分ずらしたモデルもそれなりに高い尤度をもつためです。本節ではそのような例として地震波形を再構成する研究を紹介します。[15, 16]

　地震が起こったとき、任意の場所の揺れ方が記録されれば、将来の防災を考える上で役に立つでしょう。隙間なく、あらゆる地点に地震計を設置できれば十分なデータが得られますが、現実的ではありません。関東平野には首都

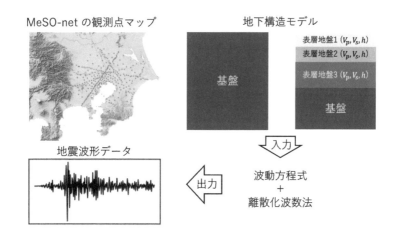

MeSO-net の観測点マップ　　　　　地下構造モデル

表層地盤1 (V_p, V_s, h)
表層地盤2 (V_p, V_s, h)
表層地盤3 (V_p, V_s, h)
基盤

入力

地震波形データ

出力

波動方程式
+
離散化波数法

左上：MeSO-net の観測地点マップ。左下：ある観測点で得られた地震波形の例。右
上：地下構造のモデルの例。左は 1 層のみ、右は岩盤の上に深さや伝搬速度が異なる 3
つの層を考えるモデル。これらのパラメータから波動方程式に従って、各時刻・各地点
の波形が計算できる。[15-17]

圏地震観測網 (Metropolitan Seismic Observation network: MeSO-net)
が構築されており、約 300 ヵ所に数 km 間隔で地震計が設置されています
(図 4.14 左上)。[17] 地震計は加速度を測るもので、各観測点ごとに東西、南
北、上下方向の加速度をサンプリングレート 200 Hz で記録し、図 4.14 左下
に示すようなデータが得られます。MeSO-net は世界的にも例を見ないほど
密度の高い観測網ですが、それでもデータは数 km ごとにしか得られないの
で、地震計がない場所での揺れ方を知りたければ、データから推定するしか
ありません。
　地下構造のモデルを与えて、波動方程式を解けば、地震波の周囲への伝搬が
計算できます。図 4.14 右上には 1 層構造の単純なモデルと、岩盤の上に 3 層
構造をもつモデルの模式図を示しています。各層は異なる P 波の速度 V_P、S
波の速度 V_S、および、層の厚み h で定義されます。また、震源位置 (X, Y, Z)、
地震の発生時刻 t_0、断層が滑った長さ M もパラメータに加わります。例えば
3 層モデルは、各層のパラメータ 3 個 × 3 層 ＋ 震源のパラメータ 5 個 ＝ 14

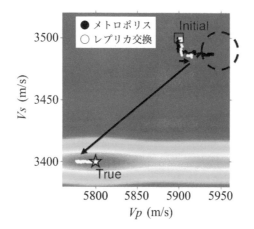

図4.15 V_P-V_S **空間での事後分布 (カラーマップ) とチェーンの軌跡**
黒丸がメトロポリス法、白丸がレプリカ交換法によるもの。(図は長尾大道氏提供)

個のパラメータをもちます。これらのパラメータを与えて波動方程式を解けば、各地点の地震波形が定まります。逆に、データからパラメータを推定できれば、任意の位置の揺れ方が予測できます。

　しかし、問題となるのが局所解を避けて大域解を探す手段です。地震波形をモデル化しているので、この問題には局所解が多く現れます。そこで、MCMCの出番です。ここでは尤度関数は前節と同様に正規分布を用い、事前分布には弱情報事前分布として幅の広い正規分布を使っています。詳細は文献[15][16]をご覧ください。

　図4.15 は V_P と V_S の空間における事後分布と、MCMC サンプルの軌跡を示しています。ここでは答えがわかっている人工データを作り、1層構造のモデル、しかも震源に関するパラメータは既知としているので、パラメータは V_P と V_S の2個だけです。パラメータが少ないので事後確率を全探索でき、それをカラーマップで示しています。この単純な問題でも、事後分布には局所解が周期的に現れています。この事後分布をメトロポリス法でサンプリングした結果が黒丸で、初期状態から最も近い局所解に辿り着いたあと、そこから抜け出せなくなっています。一方で、白丸はレプリカ交換法による

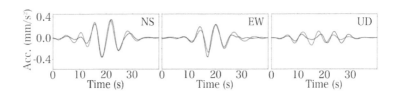

図 4.16 | ある観測地点における地震波形のデータ (黒線) とモデル (赤線)
左から南北方向 (NS)、東西方向 (EW)、上下方向 (UD) の揺れを表す。(図は長尾大道氏提供)

サンプルを表しています。同じ初期状態から出発して最寄りの局所解に進む途中で、温度の高いレプリカとの交換によって大域解 (True) 近くにジャンプしています。

図 4.16 は実際の MeSO-net の地震データを用いて波形を再構成した結果です。ここではより現実的な 3 層モデルを、とある 12 km × 12 km の範囲内に存在する 15 地点のデータに当てはめています。3 層モデルの 14 個のパラメータを 16 個のレプリカを用いたレプリカ交換法で推定し、最適なモデルを決めています。そのモデルで同じ範囲内にある別地点の波形を再構成した例が図 4.16 の赤線、実際に観測された波形が黒線です。パラメータの推定に使っていないデータが良く再現されており、この手法が任意の地点における波形データを精度良く予測できることがわかります。

「建物や橋梁の揺れを予測するためにはデータの内挿では不十分で、物理モデルが必要です。モデルを最適化して得られる V_P や V_S などから地下構造の知見も得られ、さらに、このモデルなら推定が高速に行えるので、防災の観点からも有益です」と、研究グループのメンバーである東京大学地震研究所の長尾大道准教授はこの研究を振り返ります。「しかし、やってみるとすぐに分布の多峰性の問題に気がつきました。レプリカ交換法を使わなければ、この問題は克服できなかったでしょう」

4.6 MCMC が収束しません！

「MCMC が収束しないのですが、どうすれば収束するようになるでしょ

うか？」天文分野の研究集会にMCMCの専門家をお招きした際、講演後にこのような質問が会場からありました。たしかにそれはMCMCで最も多い悩みでしょう。「そのような相談はよく受けます」と話した上で、その先生は質問に対してこう答えました。「でも、ほとんどの場合、悪いのはMCMCではなく、モデルなんですよね」

　MCMCの使い方に関して最も恐ろしいのは、そもそも定常分布に収束しているか確認せずに、MCMCサンプルの分布が目的の分布とする盲信です。その分布が多峰の分布であり、収束性について言及がなければ、私はその結果を信じることをためらうでしょう。MCMCサンプルが得られたら、分布を見る前に、まずはトレースプロットを確認しましょう。異なる初期値をもつ複数のチェーンが同じ分布に収束するかどうかも確認すべきです。定量的に評価したければ、検定が有用です。MCMCの収束性の検定は様々なものが提案されており、複数のチェーンに対してチェーン内分散とチェーン間分散を比較するGelman-Rubinの診断法などが有名です。

　そして残念ながら収束しているといえないとき、MCMCアルゴリズムのパラメータ、例えば、MH法なら提案分布、HMCならリープフロッグ法のステップ幅やステップ数、および、質量行列、レプリカ交換法なら温度とレプリカの数、を調整します。このときアルゴリズムをある程度理解していれば、トレースプロットの変化に基づいて、正しい調整の方向が判断できます。時間はかかりますが、サンプル数を増やせるなら、やってみましょう。1000ステップでは収束していないように見えても、それは1ステップごとの相関が高いだけで、10万ステップ計算すれば十分なサンプルが得られるかもしれません。

　それでも収束しなければ、「悪いのはモデル」である可能性を検討すべきです。たとえ定常分布に収束していなくても、得られたサンプルの分布から真の分布の一端は見えるので、そこから収束しない原因を考えましょう。4.4節ではジェットの磁場Bそのものではなく対数スケールに変換した$\log_{10} B$をパラメータとしました。このように変数変換することで、サンプリングしやすい分布になる可能性はあります。4.5節で紹介したような局所解が多い問題ならレプリカ交換法を試してみましょう。

　それでもダメなら、MCMCでも十分にサンプリングしきれないような、

解が決まらない問題なのかもしれません。MCMC を試す人の中には、通常の最適化では解が定まらず、MCMC に望みを託している人もいるでしょう。しかし、本来、解が不定である問題に対して、MCMC なら解が 1 つに決まる、なんてことはありません。ベイズモデルなら、事後分布はデータとモデルを与えた時点で既に決まっているのです。同様に、モデルが同じなら、他の手法と比べて MCMC は不定性を小さく、精度良くパラメータを推定する、なんてこともありません。既に決まっている事後分布から効率良くサンプリングするのが MCMC の役割であって、事後分布そのものは当然、変えられません。MCMC は「魔法」ではないのです。

正則化と
スパースモデリング

5.1 ブラックホールの夜

「これは人類が初めて目にしたブラックホールの姿です」。2019 年 4 月 10 日の夜 10 時から始まった記者会見の場で、国立天文台の本間希樹教授はそう言って、集まった記者に 1 枚の画像を見せました。そこには真っ黒な背景にオレンジ色に彩色されたドーナツのような構造が浮かび上がっていました (図 5.1 左)。円盤ではなく、ドーナツ、つまり中心が黒い構造こそが、ブラックホールがそこにある証拠です。

国際プロジェクト「イベント・ホライズン・テレスコープ」(Event Horizon Telesope: EHT) はその成果の世界同時発表を企画したため、日本では夜間に記者会見が行われました。記者からの質問は予定の時間を過ぎても続き、公式の会見が終わったあとも、研究者への取材は深夜に及んだそうです。夜が明けて、翌日の朝刊各紙にはオレンジ色のドーナツが一面に躍りました。

EHT の日本グループ代表を務める本間教授は、この成果への日本からの貢献として、望遠鏡の運用や装置の開発などと並び、スパースモデリングを用いた画像処理を挙げました。「画像処理に私たちは非常に力を入れてきました。アメリカのグループの手法にも日本発のアイデアが使われていて、最終的な結果を得るにあたり、私たちは大きな貢献をしたと自負しています」と記者会見の場で本間教授は語りました。

望遠鏡で遠くにある天体を観測するとき、望遠鏡の口径が大きいほど、得られる画像の解像度は高くなります。したがって、遠方のブラックホールを見るためには大口径の望遠鏡が必要です。通常の望遠鏡はレンズや鏡を使って

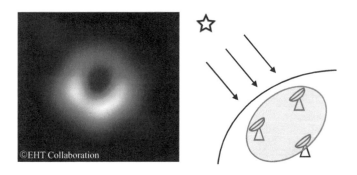

|図 5.1|左：EHT が観測したブラックホールシャドー[18]／右：VLBI の模式図
地球上の離れた場所にある電波望遠鏡を 1 つの巨大な望遠鏡として使う。

同位相の光を焦点に集め、それによって光は自然に干渉し、結像します。し
かし、その方法では世界最大の望遠鏡を使っても、ブラックホールの「ドー
ナツ」を分解するほどの高い解像度は得られません。

　EHT は超長基線電波干渉計 (Very Long-Baseline Interferometer:
VLBI) と呼ばれる観測手法を使っています。VLBI は地球上の離れたところ
にある複数の電波望遠鏡を 1 つの巨大な望遠鏡とみなして、高い分解能を実
現します (図 5.1 右)。EHT は地球規模の VLBI を、電波の中でもより高い
分解能が得られるミリ波で初めて実現し、ブラックホールの直接撮像に成功
したのです。

　通常の望遠鏡と違い、VLBI では画像そのものがデータとして得られるわ
けではありません。天体からやってくる電波の波形を各望遠鏡で記録し、そ
れを観測後に人の手で干渉させて、計算機の中で画像を再構成するのです。
この画像再構成は以下の線形の問題として表せます。

$$\begin{pmatrix} y_1 \\ y_2 \\ \vdots \\ y_N \end{pmatrix} = \begin{pmatrix} a_{11} & \cdots & a_{1M} \\ \vdots & \ddots & \vdots \\ a_{N1} & \cdots & a_{NM} \end{pmatrix} \begin{pmatrix} \beta_1 \\ \beta_2 \\ \vdots \\ \beta_M \end{pmatrix} \tag{5.1}$$

$$\boldsymbol{y} = \mathcal{F}\boldsymbol{\beta}$$

右辺のベクトル $\boldsymbol{\beta}$ が推定したい「画像」です。j 番目の画素の輝度が β_j であり、その空間座標を (ℓ_j, m_j) とします。行列 $\mathcal{F}$ は 2 次元フーリエ変換に対応し、その要素 a_{ij} は複素数表記で $a_{ij} = \exp\{-2\pi i(u_i\ell_j + v_i m_j)\}$ です。ここで (u_i, v_i) はデータ $\boldsymbol{y}$ の i 番目の要素の空間周波数で、2 台の電波望遠鏡を繋ぐ線の向きと距離で決まります。近くにある望遠鏡の組は低い空間周波数に、遠く離れた望遠鏡の組は高い空間周波数に感度があります。データ $\boldsymbol{y}$ はビジビリティと呼ばれる複素数です。各電波望遠鏡で記録された波形から、ビジビリティがデータとして得られます。あとは測定ノイズを含めたデータの生成モデルを作れば、第 1 章で扱った、$\boldsymbol{y}$ から $\boldsymbol{\beta}$ を最尤推定する問題に帰着します。

ところが、この問題はほとんど $N < M$ の状況、つまり、推定したい画像の画素数よりもデータの数が少なくなるため、最尤推定では解が定まりません。このような問題は**劣決定系** (underdetermined system) と呼ばれます。また、たとえ $N > M$ でも解が一意に決まらなかったり、データが少し変わるだけで解が大きく変わってしまう問題は、まとめて、**不良設定問題** (ill-posed problem) と呼ばれます。画像としてはせめて 100×100 ピクセル程度のものを作りたいのですが、例えば EHT なら、地球上に散らばった 8 台の電波望遠鏡の組み合わせによって決まる (u, v) しかデータはありません。地球の自転によって (u, v) は時間変化するので、長い時間観測すればデータは増えますが、それでも足りないことに変わりありません。

例えば、図 5.2 左のような 10×10、つまり $M = 100$ の画像に対して、EHT を模した観測をシミュレートし、$N = 25$ のデータ $\boldsymbol{y}$ を得たとしましょう。$\boldsymbol{y}$ の要素は複素数なので、それぞれ実部と虚部、もしくは、振幅と位相の 2 つの情報をもっています。真の画像には EHT が得たブラックホールシャドーに似たものを設定しました。また、今回はノイズを加えません。図 5.2 右の 4 枚の画像はいずれも $\boldsymbol{\beta}$ の最小二乗解、つまり、$\|\boldsymbol{y} - \mathcal{F}\hat{\boldsymbol{\beta}}\|_2^2 = 0$ を満たす画像 $\hat{\boldsymbol{\beta}}$ です。左上の正解はもちろん最小二乗解ですが、他の 3 枚のような、正解とは全く異なる画像も最小二乗解になってしまいます。やはり、このデータでは解を 1 つに決められません。

では、諦めますか？ 4 つの画像のうち、正解のもの以外を「これが推定された天体の姿です」と主張して、多くの人は同意するでしょうか？ 無限にあ

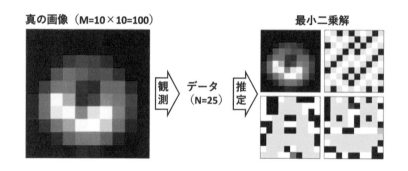

図5.2 パラメータの数よりデータの方が少ないため、最適な解が定まらない例

左が真の画像 ($M = 100$) で、$N = 25$ のデータから最小二乗法で得られる解の例が右の 4 枚の画像。左上の正解の他に、市松模様のような解 (右上)、「A」の文字が現れる解 (左下)、ピエロのスマイルを含む解 (右下) も最小二乗解になる。色のスケールは正解の画像のものに統一している。

る解の中から自分の主張に合うものを恣意的に選ぶのは許されません。かといって、天体の画像としては全くもってあり得ない解を、あり得る解とみなすことに、どれほど意味があるでしょうか? 私たちは最小二乗法では一意に解を決められませんが、図 5.2 右の 3 枚の画像が正解でないことは知っていて、言い換えれば、正解がどのようなものなのか、ある程度の情報はもっているのです。ベイズ的に言えば、それを事前分布として表現し、無限にある最小二乗解から事前確率を最大にする解を選ぶ、というアプローチが考えられます。

例えば、ほとんどの画素で $\beta_i = 0$ と考えて良いケースがあるかもしれません。つまり、明るく光っている天体は画像内のごく一部にしかないとあらかじめわかっているケースです。100 次元ある β の 8 割がゼロであるなら、ゼロでない要素は 20 個です。それなら 25 個の複素ビジビリティに含まれる実部と虚部、合わせて 50 個のデータから推定できても良さそうに思えてきます。そのような、ゼロの要素が多いベクトルは**スパース** (sparse) なベクトルと呼ばれます。EHT によるブラックホールシャドーの画像再構成には、情報のスパース性を利用した手法が使われています。

本章ではブラックホールの姿を描き出すために使われた手法の理解を目標

に、スパースモデリングやその周辺の手法を紹介します。

5.2　最小二乗法と正則化

変な解を選ばないために

データに対してパラメータ $\boldsymbol{\theta}$ をもつモデルの当てはまりの良さを表す関数 $E(\boldsymbol{\theta})$ を**誤差関数** (error function) と呼びましょう。例えば線形の問題において、モデルパラメータ $\boldsymbol{\theta}$ の関数 $\|\boldsymbol{y} - \boldsymbol{X}\boldsymbol{\theta}\|_2^2$ は誤差関数の１つで、これを目的関数として最小化するのが最小二乗法です。他にも、絶対値の和 $\|\boldsymbol{y} - \boldsymbol{X}\boldsymbol{\theta}\|_1$ や交差エントロピー (第 6 章参照) も、誤差関数として使われます。誤差関数は**損失関数** (loss function) や**コスト関数** (cost function) とも呼ばれます。

誤差関数に別の制約を課して最小化することで過適合を避ける手法は**正則化** (regularization) と呼ばれます。例えば、ラグランジュの未定乗数法 (2.2 節参照) を用いてハイパーパラメータ λ を導入し、以下の目的関数を最小化する問題が考えられます。

$$\min_{\boldsymbol{\theta}} E(\boldsymbol{\theta}) + \lambda \Phi(\boldsymbol{\theta}) \tag{5.2}$$

この式の第 2 項は**正則化項** (regularization term) や**罰則項** (penalty term) と呼ばれ、係数 λ は正則化係数と呼ばれます。λ が大きければ、データに対する適合度よりも正則化項を小さくするモデルが選ばれます。逆に λ が小さいと、よりデータに適合するモデルが選ばれます。

以降ではデータ N 個、説明変数 M 個をもつ線形の問題 $\boldsymbol{y} = \boldsymbol{X}\boldsymbol{\beta}$ 、および、誤差関数として二乗誤差 $\|\boldsymbol{y} - \boldsymbol{X}\boldsymbol{\beta}\|_2^2$ を考えます。データ $\boldsymbol{y}$ の測定誤差で重みを付けることも多いと思いますが (1.1 節参照)、ここでは簡潔に書きたいので省略します。式 (5.2) において $E = \|\boldsymbol{y} - \boldsymbol{X}\boldsymbol{\beta}\|_2^2$ とし、正則化項を含めて解を推定する手法は**正則化最小二乗法** (regularized least squares) もしくは、**罰則付き最小二乗法** (penalized least squares) と呼ばれます。

y_i の誤差が正規分布に従う統計モデルを考え、式 (5.2) の目的関数を負の対数事後確率とみなせば、この問題は以下のベイズモデルとして表現できます。

$$p(\boldsymbol{\beta}|\boldsymbol{y}) \propto \prod_i \exp\left\{-\frac{(y_i - \boldsymbol{x}_i^T\boldsymbol{\beta})^2}{2\sigma_i^2}\right\} \exp\left\{-\lambda\Phi(\boldsymbol{\beta})\right\} \tag{5.3}$$

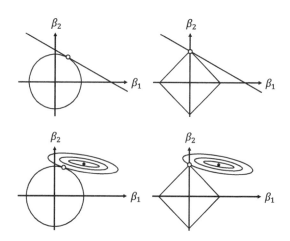

|図 5.3| ℓ_1 と ℓ_2 ノルム正則化が選ぶ解 (白丸)
上が直線上に解が無限に存在する劣決定問題、下が最尤解 (黒丸) が決まる問題の模式
図。それぞれ、左が ℓ_2、右が ℓ_1 正則化を示す。

$$\propto p(\boldsymbol{y}|\boldsymbol{\beta})p(\boldsymbol{\beta}) \tag{5.4}$$

したがって、ある問題に対してどのような正則化項を用いるべきか、という
判断は、推定したい $\boldsymbol{\beta}$ についての事前情報と深く関わっています。

　前節で紹介したような劣決定問題において、無数に存在する最尤解の中か
ら正則化項を最小にする解を選べば、モデルを一意に決められます。正則化
で過適合も避けられます。よく使われる正則化手法がどのような解を選択す
るのか、どのように過適合を防ぐのか、ここからしばらく、図 5.3 を見て考え
ましょう。簡単のため、この図ではパラメータの数は $M = 2$ としています。

　図 5.3 上は、劣決定問題の模式図です。2 つのパラメータ (β_1, β_2) に対し
て、1 つのデータの関係式 $y_1 = \beta_1 x_{11} + \beta_2 x_{12}$ のみが与えられており、この
式が図 5.3 上の直線 $\beta_2 = -x_{11}/x_{12} \cdot \beta_1 + y_1/x_{12}$ で示されています。この
直線上にある (β_1, β_2) は全て最小二乗解であり、解が一意に定まりません。

リッジ回帰と LASSO 回帰

　式 (5.2) の正則化項に $\boldsymbol{\beta}$ の ℓ_2 ノルム (ℓ_2-norm: 2 次ノルム) の 2 乗を用

いた回帰の問題

$$\hat{\boldsymbol{\beta}} = \arg\min_{\boldsymbol{\beta}} \left\{ \|\boldsymbol{y} - \boldsymbol{X}\boldsymbol{\beta}\|_2^2 + \lambda\|\boldsymbol{\beta}\|_2^2 \right\} \tag{5.5}$$

は、図 5.3 の直線上にある解のうち、$\|\boldsymbol{\beta}\|_2^2$ を最も小さくする解を選びます。曲線 (超曲面) $\|\boldsymbol{\beta}\|_2^2 = \beta_1^2 + \beta_2^2 + \cdots + \beta_M^2 = \text{const.}$ は図のように 2 次元なら円、3 次元以上なら (超) 球面になります。図では直線と円が接する点 (左上図の白丸) がこの問題の解 $\hat{\boldsymbol{\beta}}$ です。これ以上円を小さくすると解は存在しなくなるので、これが $\|\boldsymbol{\beta}\|_2^2$ を最も小さくする解です。図 5.3 からわかるように、β_1 と β_2 が極端に異なる値ではなく、同程度の値をもつ解が選ばれます。

1.1 節で示したように、最小二乗解は $\hat{\boldsymbol{\beta}} = (\boldsymbol{X}^T\boldsymbol{X})^{-1}\boldsymbol{X}^T\boldsymbol{y}$ で与えられます (式 (1.19)、p.15)。しかし、$N < M$ の場合、行列 $\boldsymbol{X}^T\boldsymbol{X}$ はランクが落ち、逆行列が存在しない非正則な行列になり、解は定まりません。$N \geq M$ の場合でも説明変数間に相関が高い組み合わせがあると、やはり実質的にランクが落ちて、$(\boldsymbol{X}^T\boldsymbol{X})^{-1}$ が大きな値をもち、$\hat{\boldsymbol{\beta}}$ の分散 $\sigma_0^2(\boldsymbol{X}^T\boldsymbol{X})^{-1}$ が大きくなってしまいます (式 (1.29)、p.22)。その結果、$\hat{\boldsymbol{\beta}}$ は極端に大きい要素を含む、望ましくない解になります。

ℓ_2 ノルム正則化は誤差関数も正則化項も $\boldsymbol{\beta}$ の 2 次であり、この解は、最小二乗解と同様、解析的に $\hat{\boldsymbol{\beta}} = (\boldsymbol{X}^T\boldsymbol{X} + \lambda\boldsymbol{I})^{-1}\boldsymbol{X}^T\boldsymbol{y}$ と計算されます。非正則な $\boldsymbol{X}^T\boldsymbol{X}$ に対角成分 $\lambda\boldsymbol{I}$ を加えて、正則化しています。これが斜めに尾根 (ridge) がある形をしているので、この問題は**リッジ回帰** (ridge regression) と呼ばれます。

リッジ回帰は $\boldsymbol{X}$ に全く不要な説明変数が含まれる場合でも、その係数をゼロにはしません。つまり、データを説明するために有効な変数は選択できていません。変数選択を目的とするときには、ℓ_1 **ノルム** (ℓ_1-norm: 1 次ノルム) による正則化がよく使われます:

$$\hat{\boldsymbol{\beta}} = \arg\min_{\boldsymbol{\beta}} \left\{ \|\boldsymbol{y} - \boldsymbol{X}\boldsymbol{\beta}\|_2^2 + \lambda\|\boldsymbol{\beta}\|_1 \right\} \tag{5.6}$$

$\|\boldsymbol{\beta}\|_1 = |\beta_1| + |\beta_2| + \cdots + |\beta_M| = \text{const.}$ は、$M = 2$ なら図 5.3 右上に示すような菱形になります。直線と交わる最も小さな菱形の頂点 (図中の白丸) がこの問題の解です。

この解は $\beta_1 = 0$ であることが重要です。説明変数 x_{11} の係数がゼロなので、この説明変数は目的変数 y のモデルに含まれない、つまり、不要な変数とみなせます。逆に、係数が非ゼロの説明変数はモデルに必要な変数です。このように、ℓ_1 ノルム正則化によって、データから説明変数を選択できます (5.6 節参照)。この回帰手法は **LASSO** (least absolute shrinkage and selection operator) と呼ばれます。LASSO で得られる解はゼロの要素を多く含み、スパースになるため、スパースなベクトルの再構成に使われます。ℓ_2 ノルムと違い、ℓ_1 ノルムは菱形の頂点で微分できません。そのため、目的関数の勾配を利用する最適化は使えず、特別な最適化手法が開発されています (例えば [19])。

　図 5.3 下の図は、データから最小二乗解が一意に決まる $N > M$ の場合の模式図です。2.1 節の多項式当てはめの問題で見たように、この状況でも過適合は起こり得ます。この図では、解は β_2 に比べて β_1 が大きな不定性をもっています。このような問題でも、ℓ_1 や ℓ_2 ノルム正則化を使うと、やはり先の例と同じような性質の解が得られます。ここで、過適合になっているかもしれない最小二乗解に、どれほど近い・遠い解を選択するかは、正則化係数 λ で決まります。λ を決めれば、その λ のもとでの最適な β が決まるので、λ がモデルを決める、と言っても過言ではありません。

　したがって、λ の決め方は正則化において本質的に重要です。尤度関数を最大化すると過適合になるのであれば、様々な λ に対して交差検証で汎化誤差を評価する方法が便利です (2.1 節参照)。λ が大きすぎるとデータから大きく外れた、汎化性能の低いモデルになり、逆に λ が小さすぎると過適合になって、やはり汎化性能が落ちます。汎化性能を最良にする適切な λ の選択が大切です。交差検証による λ の決定については 5.4 節で具体例を示します。

　図 5.4 上は、1 次元のデータに対してリッジ回帰と LASSO 回帰の例を示しています。$M = 100$ のスパースな β (黒線) を設定し、正規乱数を要素にもつ 50×100 の行列 X を掛けて、正規ノイズを加え、$N = 50$ のデータ y を生成しました。そのデータから $N < M$ の劣決定の問題を推定しています。λ は 10 分割交差検証で決定しました。図 5.4 左上がリッジ回帰、右上が LASSO 回帰の結果です。β がスパースなので、LASSO の方が良い推定になっています。リッジ回帰、LASSO 回帰に通常の線形回帰も加えた簡単な

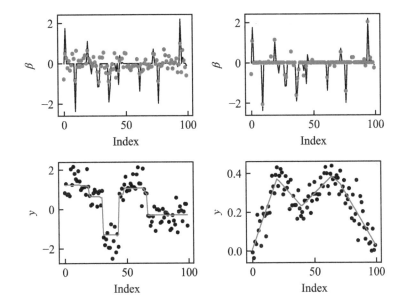

|図5.4|正則化最小二乗法の推定の例

左上：リッジ回帰。右上：LASSO 回帰。黒線は正解の $\boldsymbol{\beta}$ ($M = 100$) でスパースなベク
トル。$\mathcal{N}(0, 1)$ の要素をもつ 50×100 の行列 $\boldsymbol{X}$ を用いて、$N = 50$ のデータ $\boldsymbol{y} = \boldsymbol{X}\boldsymbol{\beta}$
を生成し、正規ノイズを加えた。50 個のデータから 100 個のパラメータを推定する劣
決定な問題を、リッジ回帰と LASSO 回帰で推定した結果が赤丸で示されている。左
下：全変動最小化。右下：ℓ_1 トレンドフィルター。これらは $\boldsymbol{X} = \boldsymbol{I}$ とし、正規ノイズ
を加えた 100 個のデータ $\boldsymbol{y}$ (黒丸) から 100 個の $\boldsymbol{\beta}$ (赤線) を推定した。

Python プログラムを付録 A.2 に載せています。

　リッジ回帰でも LASSO 回帰でも、説明変数 $\boldsymbol{X}$ に物理的な次元や単位が
異なるものがあるときは気をつけましょう。式 (5.5) や (5.6) を用いる際は、
あらかじめ説明変数ごとに平均を引き、標準偏差で割って標準化し、スケー
ルを揃えた方が良い場合もあります。

いろいろな正則化

　ℓ_1 や ℓ_2 ノルム以外にも様々な正則化が提案され、使われています。以下
に代表的なものを列挙します。

Elastic net は ℓ_1 と ℓ_2 の両方を使い、正則化項を $\lambda(\alpha\|\boldsymbol{\beta}\|_1 + (1-\alpha)\|\boldsymbol{\beta}\|_2^2)$ とします。説明変数間の相関が強い問題や、データ数 N 以上に有効な説明変数がある問題に対して、LASSO は推定に失敗しやすくなります。Elastic net は 2 つの正則化係数 λ と α をうまく調節すれば、そのような状況でモデルの精度を改善できます。

$\boldsymbol{\beta}$ の隣り合う要素間の差分を用いた正則化は、時系列データや画像の解析によく使われます。**全変動最小化** (total variation minimization: TV) では正則化項を $\lambda\sum_i |\beta_{i+1} - \beta_i|$ とします。これは要素間の差の 1 次ノルムであり、TV は差分空間がスパースになる解を選択します (図 5.4 左下)。輝度がほぼ一様な領域が多い画像のノイズ除去などでよく使われます。なお、1 次ノルムではなく 2 次ノルム $\|\beta_{i+1} - \beta_i\|_2^2$ を使うと、差分が平均ゼロの正規分布に従うモデルと同等になり、3.5 節のモデル同様、$\boldsymbol{\beta}$ が滑らかに変化する解が選ばれます。また、1 次ノルムと差分を融合 (fusion) した正則化項 $\lambda_1\|\boldsymbol{\beta}\| + \lambda_2\sum_i |\beta_{i+1} - \beta_i|$ を使うモデルは **Fused LASSO** と呼ばれます。

$\boldsymbol{\beta}$ の 2 階差分の 1 次ノルムを正則化項にした以下の推定

$$\hat{\boldsymbol{\beta}} = \arg\min_{\boldsymbol{\beta}} \|\boldsymbol{y} - \boldsymbol{\beta}\|_2^2 + \lambda\sum_i |\beta_{i+2} - 2\beta_{i+1} + \beta i| \tag{5.7}$$

は ℓ_1 **トレンドフィルター** (ℓ_1 trend filter) と呼ばれます。このモデルは時系列データを折れ曲がりのある直線で表し、変動の傾向が変わる転換点を抽出できます (図 5.4 右下)。

説明変数が K 個のグループ $\{\boldsymbol{\beta}^{(1)}, \boldsymbol{\beta}^{(2)}, \cdots, \boldsymbol{\beta}^{(K)}\}$ に分けられ、グループごとに $\boldsymbol{\beta}$ の要素をゼロ・非ゼロとしたいとき、正則化項を $\lambda\sum_k \|\boldsymbol{\beta}^{(k)}\|_2$ とする**グループ LASSO** (group LASSO) が便利です。詳しくは 5.4 節で具体例を紹介します。

ℓ_1 や ℓ_2 ノルムを使わない別の正則化として、物理分野では**最大エントロピー法** (maximum entropy method: MEM) がよく使われてきました。MEM の正則化項は情報エントロピーと同じ形である $-\lambda\sum_i \beta_i \log \beta_i$ です。情報エントロピーは確率分布が一様なときに最大となります。したがって、MEM は $\boldsymbol{\beta}$ の要素が互いに近い値をとる解を選びます。$\boldsymbol{\beta}$ のおおよその分布 $\boldsymbol{m}$ が事前にわかっており、それが一様分布ではないときは、相対エントロ

ピー $-\sum_i \beta_i \log \beta_i/m_i$ を用います。エントロピーが最大となる解が物理の第一原理から期待される問題に対しては MEM が最適な正則化です。なお、物理学で使われてきたエントロピーの概念を情報の不確かさの尺度として導入したのはシャノンであり、そこから情報理論と呼ばれる学問分野が発展しました。

5.3 スパースモデリング

圧縮センシング

　再度、ℓ_1 ノルム最小化でスパースなベクトルを推定する問題、ただし、測定誤差が無い場合を考えます。$\boldsymbol{\beta}$ の次元は $M = 100$ とし、そのうち、非ゼロの係数をもつ説明変数の数を $K = 10$ とします。$\boldsymbol{X}$ は 50×100 の行列で、その要素は $x_{ij} \sim \mathcal{N}(0,1)$ です。そして、$\boldsymbol{y} = \boldsymbol{X}\boldsymbol{\beta}$ で得られる $N = 50$ のデータを使って、$\boldsymbol{\beta}$ を ℓ_1 ノルム最小化で推定します（図 5.5 左）。結果を図 5.5 右に示します。推定結果は真の解を高い精度で再現しています。下のパネルは正解からモデルを引いた残差で、誤差は 0.1％ より小さいことがわかります。つまり、50 個のデータから、より多い 100 個のパラメータが完全に再現できてしまいました。こんなことが起きて良いのでしょうか？

　少ない情報からより多くの情報は手に入りません。これはシャノンのサンプリング定理が保証しています。2004 年、カリフォルニア工科大学のカンデスは、医療用 MRI の画像再構成の研究について、悩んでいました。前節で紹介した TV、つまり、差分空間でスパースにする手法を使うと、少ないデータからでも元画像が完全に再構成されたのです。図 5.5 と同様、それはサンプリング定理に反しています。

　ある日、彼は子供を幼稚園に送ったあと、同じく子供を送りにきた、いわば「パパ友」にその件を相談しました。その人はカリフォルニア大学ロサンゼルス校のタオで、2006 年に別件でフィールズ賞を受賞する数学者でした。タオは当然そんなことはあり得ないと考え、反証を探そうとしました。しかし、反証は見つからず、やがて、それがあり得るかもしれないと考えます。そして、彼らは ℓ_1 ノルム最小化によって少ない情報からでも完全に元信号を再

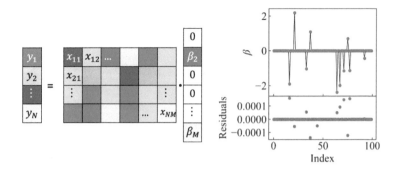

|図5.5|測定ノイズ無しの ℓ_1 ノルム最小化による推定

左：問題 $y = X\beta$ の模式図。係数ベクトル β の次元 M の方が、データベクトル y の次元 N より大きい ($N < M$) ため、行列 X は「横長」の行列になる。β は多くの要素がゼロの、スパースなベクトルである。右：$N = 50$、$M = 100$ の推定結果。黒線が真の β で、赤点が推定された $\hat{\beta}$。下のパネルは推定値と真値の差 $\hat{\beta} - \beta$ を示す。0.1％以下の精度で両者は一致している。

構成できると証明し、その条件を導出したのです。[20]

　100 個の信号を再構成するためにデータは 100 個も要らない、という結果は、画像処理、データ圧縮、通信など様々な分野に衝撃を与えました。推定したいベクトルそのものがスパースであるケースは多くないかもしれません。しかし、例えば人物や風景などの身近な画像の多くはウェーブレット変換するとスパースになります。元信号を圧縮して計測 (センシング) し、少ないデータから元信号を回復するこの手法は**圧縮センシング** (compressed sensing) と呼ばれます。

　圧縮センシングの流行とともに、LASSO やその他の ℓ_1 ノルムを用いた正則化も再注目され、後述の ℓ_0 ノルム最小化も含めて、情報のスパース性を活用する一連の手法は総称して**スパースモデリング** (sparse modeling) と呼ばれています。スパース性を共通のキーワードとして、スパースなベクトルの推定をはじめ、スパースな行列の推定、ベクトルをスパースにする変換 (基底) の探索、それぞれの手法の性能評価などが研究されています。

ℓ_0 ノルム

さて、スパースな解を推定したいなら、絶対値の和 $\|\boldsymbol{\beta}\|_1$ を最小にする解を選ぶよりも、そもそも非ゼロ要素の数を最小にする解を選ぶ方が直接的で正しいアプローチでしょう。この非ゼロ要素の数はベクトル $\boldsymbol{\beta}$ の **ℓ_0 ノルム** と呼ばれます。

ℓ_0 ノルム最小化は、しかしながら、高次元の問題で計算時間的に難しくなります。例えば、100 個の要素のうち 10 個が非ゼロ要素であるとき、その組み合わせ $_{100}C_{10}$ は 10 兆通り以上あります。その中から最良のモデルを選ぶために、全ての組み合わせに対して最小二乗解と二乗誤差を計算しないといけないのなら、大変です。さらに、実際は真の非ゼロ要素の数はわからないので、探索しないといけない組み合わせは $_{100}C_1 + {}_{100}C_2 + \cdots + {}_{100}C_{100} = 2^{100} - 1$ 通りで、現実的ではありません。これが ℓ_1 ノルム最小化が重宝される理由です。

一方で、ℓ_0 ノルム最小解を効率良く探索するための様々な手法も研究されています。そのうち、最もデータを良く説明する変数を 1 つずつ順に選ぶ手法は **貪欲法** (greedy algorithm) と呼ばれます。ここではその例として **マッチング追跡** (matching pursuit: MP) と呼ばれる手法を紹介します。

例題として、周波数空間でスパースな $\boldsymbol{\beta}$ $(\beta_j = \beta(\nu_j))$ から、逆離散コサイン変換に対応するモデル $\boldsymbol{y} = \boldsymbol{X}\boldsymbol{\beta} + \boldsymbol{\varepsilon}$, $x_{ij} = \cos(2\pi t_i \nu_j)$ で、時系列データ $y_i = y(t_i)$ が得られる問題を考えます。この問題に対する、MP の手続きを図 5.6 を見ながら説明します。いま、$\boldsymbol{\beta}$ は適当に設定し、$\boldsymbol{\varepsilon}$ は正規分布に従うものとします。

まず最初に、行列 $\boldsymbol{X}$ の全ての列 $\boldsymbol{x}_j$ $(j = 1, 2, \cdots, M)$ ごとに、二乗誤差 $\|\boldsymbol{y} - \boldsymbol{x}_j \beta_j\|_2^2$ を最も小さくする係数 β_j を最小二乗法で計算します。この例題では、1 つの周波数だけのモデルにおける、最も二乗誤差が小さくなる周波数の探索に対応します。式 (1.19) (p.15) と同様、この解は解析的に $\hat{\beta}_j = (\boldsymbol{x}_j^T \boldsymbol{y})/\|\boldsymbol{x}_j\|_2^2$ で得られます。そして、M 個の列の中から、誤差 $\|\boldsymbol{y} - \boldsymbol{x}_j \hat{\beta}_j\|_2^2 = \|\boldsymbol{y}\|_2^2 - (\boldsymbol{x}_j^T \boldsymbol{y})^2/\|\boldsymbol{x}_j\|_2^2$ を最も小さくする列 j_1 を決めます。図 5.6 では左下にデータ $\boldsymbol{y}$ が黒丸で表されており、全ての周波数を探索して、誤差最小にする周波数は $\nu_{j_1} = 0.025$、係数は $\hat{\beta}_{j_1} = 1.05$ とわかります（図

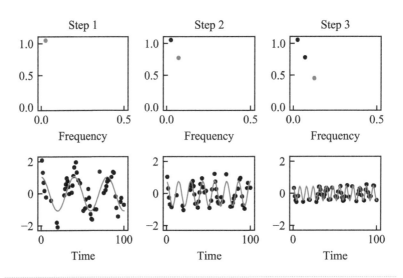

|図 5.6| **マッチング追跡の例**

上：周波数ごとの振幅。赤丸はデータを最も良く説明する周波数成分。下：時系列デー
タ (黒点)。赤線がモデル。黒点から赤線を差し引いた残差が次のステップ (右隣のパネ
ル) のデータとなる。

5.6 左上)。そして、残差 $r^{(1)} = y - x_{j_1}\hat{\beta}_{j_1}$ を計算します。この $r^{(1)}$ が中
央下に黒丸で示されています。

　次に、残差 $r^{(1)}$ に対して、同じ探索をします。ただし、先ほど選んだ j_1 番
目の列は X から除きます。そして、$M-1$ 個の列の中から、誤差を最も小さ
くする列 j_2 を決めます。図 5.6 では誤差最小にする周波数は $\nu_{j_2} = 0.070$、
係数は $\hat{\beta}_{j_2} = 0.78$ です (図 5.6 中央上)。

　これを繰り返します。図右下の黒丸は新たな残差 $r^{(2)}$、つまり、中央下の
黒点と赤線の差であり、これを最も良く説明する周波数は $\nu_{j_3} = 0.125$、
係数は $\hat{\beta}_{j_3} = 0.46$ です。そして、さらに残差を計算し、誤差 $\|r^{(n)}\|_2^2$
があらかじめ定めた閾値より小さくなれば終了です。実際、このデータは
$(\nu, \beta) = (0.025, 1.0), (0.070, 0.8), (0.125, 0.5)$、その他の周波数では $\beta = 0$
として作成したので、悪くない推定になっています。

　MP では一度決めた係数、例えば、図 5.6 の例で最初に決めた $\nu_{j_1} = 0.025$

の係数 $\hat{\beta}_{j_1} = 1.05$ は、それ以降のステップでも継続して使います。しかし、基底が (ν_{j_1}, ν_{j_2}) の2つに増えたとき、改めて $(\hat{\beta}_{j_1}, \hat{\beta}_{j_2})$ の最小二乗解を計算し直して残差を求め、次のステップに進む方が、一般的には精度が上がります。この手法は**直交マッチング追跡** (orthogonal matching pursuit: OMP) と呼ばれます。

MP や OMP は最も良いものから選んでいく、わかりやすいアルゴリズムです。1ステップの計算はデータ数 N と変数の数 M の積のオーダーなので、愚直な全探索と比べてはるかに低い計算コストで問題が解けます。とはいえ、一度誤った変数を選んでしまうと後戻りできない怖さがあります。完全な時系列データが得られている図 5.6 の例ではその心配はありませんが、次節で扱うような、データに欠損がある状況では、誤った変数が選ばれるかもしれません。これらの手法の性能については文献[21, 22] に詳しくまとめられています。

5.4 実践例1：変光星の周期解析

夜空に見える星の中には明るさが時間とともに変化するものがあり、変光星と呼ばれます。変光星の中でも脈動変光星は1つ、もしくは複数の周期の重ね合わせで明るさが変化し、その周期や振幅は恒星の内部構造に依存します。地球の内部構造を地震波を使って探るように、恒星の内部構造を脈動周期を使って探ることができ、そのような研究は星震学と呼ばれます。

時系列データをフーリエ変換してパワースペクトルを推定する問題は、多くの分野で共通して使われる、基本的な問題です。天文学においても、明るさの時系列データから周期を決める解析は、変光星研究の基本といえます。ただ、地上からの天体観測は夜間に限定され、また、天気や季節に左右されるため、時系列データのサンプリング間隔が一定になりません。非一様なサンプリングが原因で、パワースペクトルには複雑な偽の信号 (エイリアス) のパターンが現れてしまい、周期の推定を邪魔します。本節では、パワースペクトルの推定に LASSO を用いて、この問題を軽減する方法を紹介します。[23]

時系列データとフーリエ係数の関係を、逆フーリエ変換に対応する線形の

問題として、以下のように書きます。

$$
\begin{pmatrix} y_1 \\ \vdots \\ y_N \end{pmatrix} = \begin{pmatrix} \cos(2\pi t_1\nu_1) & \cdots & \cos(2\pi t_1\nu_M) \\ \vdots & \vdots & \vdots \\ \cos(2\pi t_N\nu_1) & \cdots & \cos(2\pi t_N\nu_M) \end{pmatrix}
$$

$$
\begin{pmatrix} \sin(2\pi t_1\nu_1) & \cdots & \sin(2\pi t_1\nu_M) \\ \vdots & \vdots & \vdots \\ \sin(2\pi t_N\nu_1) & \cdots & \sin(2\pi t_N\nu_M) \end{pmatrix} \begin{pmatrix} a_1 \\ \vdots \\ a_M \\ b_1 \\ \vdots \\ b_M \end{pmatrix} \tag{5.8}
$$

$$
\boldsymbol{y} = \mathcal{F}^{-1}\boldsymbol{\beta} \tag{5.9}
$$

ここで $\boldsymbol{y}$ は一定の間隔 Δt で得られた時系列データ $y_i = y(t_i)$、$t_i = i \times \Delta t$ です。通常、周波数は上限をナイキスト周波数 $\nu_{\mathrm{Nyq}} = 1/(2\Delta t)$ とし、データの数と等しくなるように $2M = N$ として、一定の周波数間隔 $\Delta\nu$ で M 個の周波数を設定します。1 つの周波数につき $\cos$ と $\sin$ で 2 つの係数があるため、$\boldsymbol{\beta}$ の次元は $2M$ です。非一様にサンプリングされたデータは、$\boldsymbol{y}$ の一部が欠損している状況と同じとみなせ、$N < 2M$ の劣決定系の問題になります。

劣決定系でも、任意の周波数 ν_j に対して、パワー $P(\nu_j)$ を

$$
P(\nu_j) = \left\{ \sum_i y_i \cos(2\pi t_i\nu_j) \right\}^2 + \left\{ \sum_i y_i \sin(2\pi t_i\nu_j) \right\}^2 \tag{5.10}
$$

として、計算できてしまいます。このようにして得られるパワースペクトルの例を図 5.7 下に示します。図 5.7 左は上パネルの 3 つの周波数成分から生成された人工データを使った結果です。中央パネル黒線の時系列データから、実際の天体観測を模した欠損のあるデータを作り (中央パネルの赤点)、そこから式 (5.10) を使ってパワースペクトルを計算します。結果が下パネルに灰色の線で示されています。仮定した真の周波数以外にも大きなパワーをもつ

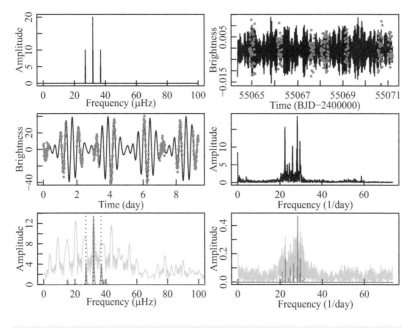

LASSO によるパワースペクトル推定の例

左：人工データによる実験。左上：仮定した信号。左中央：完全データ (黒線) と地上での天体観測を模して間引いたデータ (赤点)。左下：間引いたデータをフーリエ変換して得られるパワースペクトル (灰色) と LASSO 推定した結果 (赤)。右：実際の脈動星のデータに実践した結果。[24] 右上：人工衛星によって得られたほぼ完全なデータ (黒線) と、間引いたデータ (赤点)。右中央：完全データから得られるパワースペクトル。右下：間引いたデータをフーリエ変換して得られるパワースペクトル (灰色) と、LASSO 推定した結果 (赤)。データに欠損があっても、LASSO 推定によってこのようなパワースペクトルは高い精度で推定される。

周波数が確認できます。それらがエイリアスです。

このパワースペクトルは、式 (5.10) で計算する際に、$\boldsymbol{y}$ で欠損している要素は無視して得られたものです。それは欠損データ y_i を $y_i = 0$ と仮定するのと同じです。いま、$\boldsymbol{y}$ は恒星の明るさの時系列データなので、この仮定は、観測しなかった期間だけ星の明るさがゼロ (もしくはデータを標準化しているなら平均光度)、という不自然な状況を意味します。そのような偽物を含んだデータからパワースペクトルを計算すると偽の信号が現れるのは当然です。

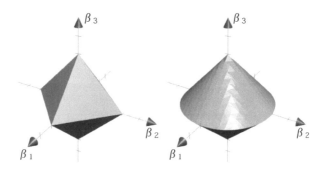

図 5.8 通常の LASSO (左) とグループ LASSO (右) の正則化項の模式図
3 次元 $(\beta_1, \beta_2, \beta_3)$ の場合。

そこで、式 (5.10) ではなく、式 (5.9) の逆問題を解いて、パワースペクトルを推定しましょう。その際にパワースペクトルのスパース性を利用します。単純には、以下の LASSO の問題が考えられます。

$$\hat{\boldsymbol{\beta}} = \arg \min_{\boldsymbol{\beta}} \|\boldsymbol{y} - \mathcal{F}^{-1}\boldsymbol{\beta}\|_2^2 + \lambda\|\boldsymbol{\beta}\|_1 \tag{5.11}$$

ただ、$\boldsymbol{\beta}$ には cos の係数と sin の係数があり、このモデルではそれぞれが独立に扱われます。スパースなのは $\boldsymbol{\beta}$ ではなくパワースペクトルなので、むしろ、周波数ごとに cos と sin の両方の係数がゼロか非ゼロになる制約を課すべきです。このような制約は 5.2 節で紹介したグループ LASSO を用いて、

$$\hat{\boldsymbol{\beta}} = \arg \min_{\boldsymbol{\beta}} \|\boldsymbol{y} - \mathcal{F}^{-1}\boldsymbol{\beta}\|_2^2 + \lambda\sum_i \sqrt{a_i^2 + b_i^2} \tag{5.12}$$

とすれば実現できます。

グループ LASSO の特徴を図 5.8 に示します。ここでは 3 次元の問題を考えています。左は単純な LASSO の正則化を表しており、図 5.3 の次元を上げたものです。正則化項 $\|\boldsymbol{\beta}\|_1$ が一定となる面は正八面体になります。β_1、β_2、β_3 はそれぞれ独立に扱われます。これに対して、右はグループ LASSO を表しています。β_1 と β_2 でグループ化しており、その平面では 2 次の正則化 $\beta_1^2 + \beta_2^2$ なので、正則化項一定の面はリッジ回帰のように「円」を描きます。一

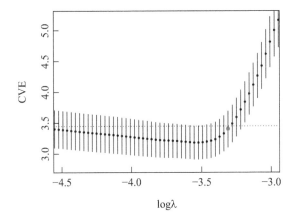

|図5.9| **正則化係数 λ に対する交差検証誤差 CVE**
データは図 5.7 左の人工データを用いた。CVE として検証用データに対する MSE の平均を用いている。点線は CVE 最小になる λ での 1 標準誤差のレベルを示し、このレベルを超えない最大の λ (赤点) を最適なモデルと考える。

方、このグループともう 1 つの変数 β_3 とは 1 次の正則化 $\sqrt{\beta_3^2} + \sqrt{\beta_1^2 + \beta_2^2}$ なので、β_3–β_1 や β_3–β_2 平面では、LASSO と同様、直線状になり、どちらかのグループをゼロとするスパースな解が選ばれます。

　では、スパース性を利用したパワースペクトル推定の結果を見てみましょう。図 5.7 左の人工データを使った例では、下パネルの赤線のパワースペクトルがその結果です。エイリアスは軽減され、真の信号が選ばれています。ただし、この結果は式 (5.12) の正則化係数 λ に依存します。

　λ の最適な値を探すため、様々な λ に対して交差検証誤差 (CVE) を計算した結果を図 5.9 に示します (2.1 節参照)。CVE は 10 分割交差検証によって得られる 10 個の MSE の平均で、誤差棒は MSE の標準誤差です。式 (5.12) の λ をある値に設定すれば、その λ の下での最適なモデルと CVE が得られます。λ が大きいと、パワースペクトルはよりスパースになります。スパースになりすぎると、本来 3 つの信号が含まれているのに 1 つか 2 つしか信号を使わないモデルになり、データを十分説明できず、CVE は大きくなります。逆に λ が小さすぎると、ノイズまで説明する過適合なモデルになるので、

やはり汎化性能は落ちて、CVE は大きくなります。ちょうど良い複雑さのモデル、つまり λ を選ばないといけません。

図 5.9 では CVE 最小になる λ が存在しています。しかし、誤差を考えると少しだけ大きい λ との差は有意でないように思えます。そこで、one-standard-error ルール (p.44 参照) を適用して、図 5.9 の赤点を最適な λ と考えます。より少ない信号を使っても誤差の範囲内で一致する CVE が得られるなら、その方が良いモデルだと考えるのです。図 5.7 左下の赤線はその λ でのモデルに対応します。

図 5.7 右は実際の脈動星のデータを使った例です。このデータは昼夜の制限がない人工衛星によって取得されたデータなので、ほぼ欠損のない完全な時系列データが得られています。その完全データをフーリエ変換して得たパワースペクトルが右中央のパネルに示されています。たくさんの信号が見えており、これらの周波数から星の内部構造の手がかりが得られます。このようなデータは大変貴重です。いつでもどの星に対しても、このような完全データが得られるわけではありません。しかし、地上から観測するとサンプリングが不均一になり、普通にフーリエ変換しても、このような綺麗なパワースペクトルは手に入りません。

ここでは実験的に、地上観測を模して、このデータの一部を欠損させました (図 5.7 右上の赤点)。そのデータをフーリエ変換してパワースペクトルを計算し、結果を右下のパネルに灰色線で示しました。多くの信号がエイリアスに紛れています。そして、LASSO で得たパワースペクトルを赤線で示しています。データの過半数が欠損しているにもかかわらず、LASSO 推定されたスペクトルはパワーの大きな成分が見事に抽出できています。

5.5　実践例 2：電波干渉計と MRI の画像再構成

5.1 節で紹介した電波干渉計の画像再構成は、前節のパワースペクトル推定とよく似た問題です。違うのは、推定したいパラメータが実空間領域の輝度であり、観測データはそれを 2 次元フーリエ変換した量、つまり、複素ビジビリティであることです。式 (5.1) のように、この問題は 2 次元画像の各画素の輝度 β_j を要素として並べたベクトル β についての線形の形 $y = \mathcal{F}\beta$

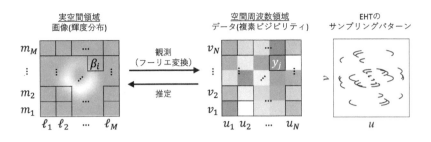

図 5.10｜VLBI の画像再構成

実空間上の輝度分布 (左) を 2 次元フーリエ変換した空間周波数領域の量 (中央) がデータとして得られる。実際は、右の黒線部分のみが観測可能で、ほとんどの領域のデータは欠損する。そのため、データから最尤法で一意に画像の解を決めるのに十分なデータは得られない。[25]

で書けます。

図 5.10 にこの画像再構成の問題を模式的に示しました。電波干渉計のなかでも、地球上の異なる地点にある望遠鏡を繋ぐ VLBI では、推定したい画像の画素数よりもデータ数が圧倒的に少なくなります。図 5.10 右は空間周波数領域で EHT がサンプリングできる部分を示しています。この図の全ての部分を観測できれば解は一意に決まりますが、むしろ観測できない欠損部分の方が多いのが現実です。

ちなみに、このような「スカスカ」で「スパース」なデータを扱う手法が「スパースモデリング」であるとよく誤解されます。スパースモデリングは推定したい情報 (ここでは β) のスパース性を利用するのであって、データはもちろん多い方が良いに決まっています。

さて、解くべき問題は再び劣決定なので、正則化を使いましょう。EHT によるブラックホールシャドーの観測では、望遠鏡の視野に対して、強い光を出すのはブラックホール近傍の狭い領域に限られると期待できます。そこで前節と同様、単純に LASSO 推定、つまり、目的関数を $\|y - \mathcal{F}\beta\|_2^2 + \lambda\|\beta\|_1$ として、人工データで実験した結果が図 5.11 です。真の解としてブラックホールシャドーを模したリング型の輝度分布 (左上) と、三日月型の輝度分布 (左下) を仮定しています。これらの輝度分布に対して、図 5.10 に示した EHT のサンプリングパターンでデータを生成し、そのデータから LASSO 推定し

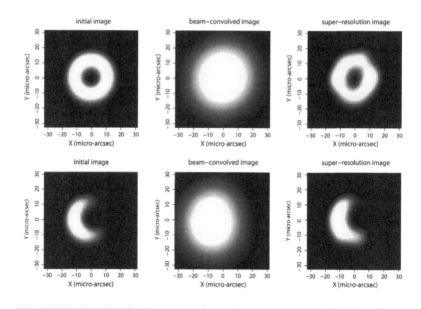

図 5.11 | LASSO 推定による電波干渉計の画像再構成の例

上：リング型、下：三日月型の場合。左：仮定した空間上の輝度分布。中央：仮定した輝度分布に観測の応答関数を畳み込んだもの。右：LASSO 解。[25]

た解が図 5.11 右に示されています。これらの解は真の解の特徴を良く再構成できています。中央のパネルは真の解に観測の際の応答関数を畳み込んだものです。画像再構成の従来法ではこのような画像が得られます。これでは中央の「穴」構造は消えてしまいます。

　図 5.11 は測定誤差が小さい理想的な条件下での結果です。しかし、EHT日本グループの代表である国立天文台の本間教授は、自身で計算したこの結果を見て、スパースモデリングに大きな可能性を感じました。そして、この手法を実際のデータにも使うべく、さらに開発を進めると決めたのです。

　本書では詳しく述べませんが、実際の VLBI データにこの手法を使う際に、最も問題となるのは単純ではない測定誤差です。VLBI の大元のデータは各電波望遠鏡で記録される波形であり、それは各観測所ごとに異なる感度や気象条件で取得されます。そうした異なる性質のノイズが含まれるデータ同士

の相関をとり、複素ビジビリティ y を得ます。そのため、y の誤差は単純な1つの分散をもつ正規分布では表せません。また、複素ビジビリティの振幅と比べて位相の復元はより難しい問題となります。

さらに、単純な LASSO がこの問題に対して最適でないのは図 5.11 からも明らかです。LASSO は天体の輝度分布をできるだけ少ない点の集合で表現しようとし、隣接ピクセルとの関係は考慮しません。しかし、実際の輝度分布は連続的に広がっており、隣のピクセルの輝度が非ゼロなら、そのピクセルも非ゼロである確率が高くなるはずです。そこで、ℓ_1 ノルムだけでなく、別の正則化項を加えるアプローチが考えられます。ただ、使う正則化項に依存して結果は変わります。「穴」が見えるように正則化項を選んではいけません。

EHT チームはブラックホールシャドーの画像を得るにあたり、3 つの異なる手法を用いて、どの手法でも「穴」を確認しました。3 つの手法のうち 1 つは、天文分野で従来使われてきた「CLEAN」と呼ばれる手法を基礎としたものです。CLEAN アルゴリズムは 5.3 節で紹介した MP に対応します。残り 2 つは日本のグループとアメリカのグループがそれぞれ提案したもので、ともに正則化です。どちらの手法も 3 つの正則化項、すなわち、ℓ_1 ノルム、TV、および、total squared variation (TSV) と呼ばれる以下の項

$$\lambda \sum_{\ell,m} \left[(\beta_{\ell+1,m} - \beta_{\ell,m})^2 + (\beta_{\ell,m+1} - \beta_{\ell,m})^2 \right] \tag{5.13}$$

を使っています。TSV は画像の隣接ピクセル間の差を縦方向と横方向でそれぞれ計算し、その 2 乗和を足し合わせます。2 乗和の平方根をとって 1 次の量にしたものが TV です。TSV のように 2 次の量を使うと、隣接ピクセルの輝度を滑らかに繋ぐ解が選ばれます (3.5 節参照)。アメリカのグループはこれら 3 つに加えて、MEM で使われる相対エントロピーも使っています (5.2 節参照)。これらのモデルは正則化係数の設定など、細かい点で異なる部分もあります。詳しくは文献[26] をご覧ください。

図 5.1 のブラックホールシャドーはこのような正則化を含んだ画像処理によって、再構成されたのでした。正則化項が増えると調整すべき正則化係数が増え、計算コストは上がります。また、正則化係数に対する結果の依存性

図5.12 | MRI の画像再構成の例

左：完全データからの再構成画像。中央：完全データの 12.5% のデータから、欠損部分にゼロを入れて再構成した画像。右：同じデータから圧縮センシングを用いて再構成した画像。(図は伏見育崇氏提供)

も気になります。EHT チームは 3 つの異なる手法を用いるとともに、様々な人工データの解析も行って、「穴」の存在を検証しています。

　さて、面白いことに、医療用の核磁気共鳴画像法 (magnetic resonance imaging: MRI) も、電波干渉計の画像再構成と同様、データが画像の 2 次元フーリエ変換した量である問題です。これら 2 つは数理面では同じ問題にもかかわらずスパース性の利用目的は異なります。

　電波干渉計、特に VLBI では、地球上を電波望遠鏡で埋め尽くさない限り、どんなに頑張っても空間周波数領域全てを満たすデータは取れません。そこで、無限に存在する画像の解から、もっともらしい画像を選び出すために画像のスパース性を利用します。一方、MRI では測定に時間さえかければ、完全なデータが手に入ります。しかし、患者にとって長い時間 MRI 装置の中で静止するのは困難です。そのため、データを取るのをサボって、測定する時間を短くし、それでも十分な質の画像を再構成するために、スパース性を利用します。

　図5.12 は MRI の画像再構成の例です。[27] 左の画像は完全なデータから再構成した、いわば正解の画像です。磁気共鳴血管撮影法 (MRA) という、特に血管を撮影するための測定法を使用しており、矢印の先に動脈瘤が見えます。中央の画像は、完全データの 12.5% のデータを使い、欠損部分にはゼロを埋めて再構成したものです。全体的にややぼやけた画像になり、動脈瘤のような小さな構造は潰れ、細い血管の一部は消えてしまいます。同じデータを用い

て、画像の輝度 $\boldsymbol{\beta}$ に対して3つの制約 $\lambda_1\|\boldsymbol{\beta}\|_1 + \lambda_2\|W(\boldsymbol{\beta})\|_1 + \lambda_3 TV(\boldsymbol{\beta})$ を課して最適化した結果が右の画像です。ここで、第2項の関数 W はウェーブレット変換、第3項の TV は全変動 (TV) を意味します。完全データを取るのにかかる時間の1割ほどの時間の測定で、十分な質の画像が得られています。

5.6　実践例3：超新星の明るさを決める変数の選択

　宇宙最大規模の爆発現象である超新星爆発 (図 0.3、p.5)。その中でも Ia 型と呼ばれるものは、どの天体でも同じ最大光度をもちます。Ia 型超新星は白色矮星の爆発です。白色矮星は自身の重力を内部の電子の縮退圧で支えて構造を維持していますが、それには限界質量が存在します。連星を形成している白色矮星に相手の星から質量が供給され、限界質量を超えると、潰れながら核融合が暴走して、超新星爆発が起こります。この爆発機構のため、爆発直前の「燃料」の量がほぼ同じになり、最大光度も同じ値になるのです。

　本来の明るさが同じなら、近くの超新星は明るく見え、遠くの超新星は暗く見えます。つまり、見かけの明るさから、超新星まで、そして超新星が所属する銀河までの距離がわかります。Ia 型超新星を使った銀河の距離測定から、宇宙の膨張が加速しているとわかり、その成果に対して 2011 年のノーベル物理学賞が贈られました。

　さて、では超新星の最大光度を測定すれば、銀河までの距離がすぐに計算できるか、というと、実はそう簡単ではありません。まず、超新星が起きた現場と地球の間には星間物質があり、それによって超新星からの光は吸収・散乱されて暗くなってしまいます。減光する量はその方向の星間物質の雲が濃いか薄いかで決まり、超新星によってまちまちです。波長の短い青い光ほどたくさん減光するため、超新星の色は赤く変化し、実際、観測される超新星の色と最大光度は相関します。また、超新星が減光していくスピードと最大光度も相関することが知られています。

　そこで、目的変数 y を最大光度、説明変数を見かけの色 c と、減光率 x とします。これらの変数を複数の超新星で測定して、線形の問題 $\boldsymbol{y} = \beta_0 + \beta_1\boldsymbol{c} + \beta_2\boldsymbol{x}$ を最小二乗法で解きます。これによって、色や減光率の効果が補正された距

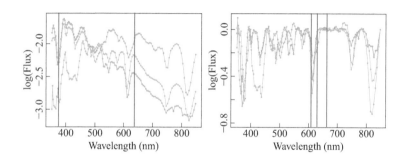

図 5.13 | Ia 型超新星のスペクトルの例

左：全フラックスで規格化されたスペクトル。連続光成分の傾きの違いがわかる。右：連続光成分で規格化されたスペクトル。吸収線の特徴がわかる。[28]

離の指標が得られます。しかし、これら2つの説明変数で補正した残差には、まだ測定誤差以上のばらつきが指摘されており、第3の、もしくはそれ以上の新たな説明変数が探索されています。

　特に、スペクトルデータの増加を背景に、スペクトルの特徴から説明変数を探す試みが盛んです。図 5.13 左は Ia 型超新星のスペクトルを3例、示しています。これらのスペクトルは連続的な成分 (連続光成分) に加えて、各原子に特徴的な吸収線が重なった形をしています。連続光成分の傾きは温度に対応しますが、星間物質による赤化によっても傾きは変わります。図 5.13 右は連続光成分で規格化したスペクトルです。この規格化スペクトルから吸収線の特徴がわかります。例えば、635.5 nm 付近の吸収線は Si II の吸収線です。この吸収線の幅や、別の吸収線との強さの比など、様々な量が最大光度の説明変数候補として提案されています。

　そして、より包括的に探索するため、スペクトルデータの1点1点を説明変数候補とみなして、最良の変数を探す研究もあります。ここでは文献[28] の結果を紹介します。図 5.13 において、説明変数候補として波長ごとのデータを使うと、左右それぞれのスペクトルから、134 個ずつ、合計 268 個の変数候補が得られます。サンプル数はというと、最大光度が測られ、良質のスペクトルデータが利用できる超新星は 78 天体あります。すると、$N = 78 < M = 268$ なので、解は一意に決まりません。そこで、スパースモデリングの出番です。

解くのは以下の LASSO の問題です。

$$\hat{\boldsymbol{\beta}} = \arg \min_{\boldsymbol{\beta}} \|\boldsymbol{y} - \boldsymbol{X}\boldsymbol{\beta}\|_2^2 + \lambda\|\boldsymbol{\beta}\|_1 \tag{5.14}$$

$\boldsymbol{y}$ は 78 個の最大光度のデータ、$\boldsymbol{X}$ の各列は説明変数候補である、c、x、そして波長 w ごとのスペクトルデータ 2 種、f_w (図 5.13 左) と f_w'(図 5.13 右)です。最大光度は説明変数候補の全てが均等に寄与して決まっているとは思えません。今は、最も良い、少数の説明変数の組み合わせが知りたいので、LASSO を使います。係数が非ゼロなら、その変数はデータから選ばれたことを意味します。正則化係数 λ の決定は、やはり本質的です。λ を変えれば、選ばれる説明変数も変わるからです。ここでも図 5.9 のように、10 分割交差検証で λ を決めています。

　LASSO 回帰の結果、従来使われていた c と x が選ばれ、その他にも図 5.13 の赤線で示された 5 つの波長のスペクトルデータも選ばれました。係数は c が最も大きく、他の変数はそれより 1 桁程度小さな係数をもちます。c が良い変数なのは間違いなさそうですが、図 5.13 に示す 5 つのスペクトルデータは、探し求めていた新たな説明変数なのでしょうか？

　残念ながら、それは疑わしいと言わざるを得ません。例えば、Si II 635.5 nm 付近のデータが選ばれていますが、これらは減光率 x と相関することが知られています。同様に、図 5.13 左の 637.3 nm はほぼ連続光成分にあたります。これは c と独立した色の情報をもっているかもしれませんが、単に c と相関しているから選ばれただけかもしれません。

　そこで、最も係数が大きい c と切片項だけでまず目的変数を補正して、残差 $\boldsymbol{y}' = \boldsymbol{y} - (\hat{\beta}_0 + \hat{\beta}_1 c)$ に対して、他の説明変数候補で LASSO 推定をやり直します。これは 5.3 節で紹介した MP 的な考え方ともいえます。すると今度は減光率 x のみが選ばれ、最初に選ばれた図 5.13 の赤線が示す変数は、全て係数がゼロになりました。この結果から、昔から使われてきた c と x が説明変数の組み合わせとして最良であるとわかりました。過去に様々な説明変数が提案されてきましたが、少なくともここで使ったデータにおいては、その他の変数はモデルの汎化性能の向上には寄与しません。

データ駆動型の変数選択

本節の実践例は、解いている問題自体は 5.3 節、5.4 節のものとほぼ同じですが、その目的は大きく異なるのが興味深い点です。説明変数よりデータが少ない $N < M$ のとき、王道の解決法はより多くのデータを得ることです。しかし、簡単にデータが手に入るなら、そもそも $N < M$ の状況で問題を解こうとは考えないでしょう。新たなデータを得るのが難しければ、この問題は諦めるか、もしくは、良さそうな変数を恣意的に選んで、$N > M$ の状況にするかもしれません。しかし、それでは過去の常識に囚われて、思わぬ発見を見逃す可能性があります。本節では、データだけから説明変数を選択できました。

データやモデルの高次元化によって、人間が目で見るだけではデータに潜む法則性を見出せなくなりました (第 0 章参照)。しかし、たとえ高次元のデータであっても、解析者の主観を排除し、データ自身から発見やモデルの構築を可能にする新しい科学のあり方は**データ駆動科学** (data driven science) と呼ばれます。本節はデータ駆動型の変数選択の一例でした。

ただ、本節で紹介した LASSO+CV は最も基本的な手法であり、これが常に最良の変数選択手法とは限りません。LASSO は正解に一致する保証はありませんし、より良い変数の組み合わせを見逃す可能性もあります。その予防策として、説明変数候補の数をデータに対して大きくしすぎないのは大切です。候補が多いと、偶然データに適合する変数が現れてしまうからです。具体的には、図 5.13 右で、波長 663.1 nm は吸収線とは無関係の連続光成分にあたります。このスペクトルは連続光成分で規格化しているので、本来なら全てのサンプルで $f'_{663.1}$ はランダムにばらつくだけのはずです。この変数候補が選ばれたのは、偶然、データに適合してしまったため、と考えるのが妥当です。

もし説明変数候補が 10 個しかなければ、任意の組み合わせの数は $2^{10} - 1 = 1023$ 通りです。その程度なら LASSO など使わなくても、全ての組み合わせの汎化誤差を全探索した上で、結果を吟味できます。本節の例のように、候補が 300 個程度あっても、有用な変数が 2 個だけなら、組み合わせの数は $_{300}C_2 = 44,850$ 通り、変数が 3 個なら $_{300}C_3 = 4,455,100$ 通りです。い

ずれも最近の計算機なら全探索できる可能性があります。ただし、高次元の問題を全探索してCVE最小のモデルを選べば、必ず正しい変数が選択できるわけではありません。説明変数の候補が増えれば増えるほど、偶然、データのノイズに適合してしまう変数も増え、しばしば正解よりも多くの変数をもつモデルが選ばれます。

　データ駆動型の変数選択は現代的な高次元の問題で必須の手法といえます。ただし、問題の次元ごとに適切な手法の使用や、得られた結果の吟味は、あらゆる手法に共通して重要です。

第6章

判別モデル

6.1 手で境界線を引いたら、ダメですか？

　天文学が専門である私の周辺では、回帰の問題を扱うのは日常茶飯事ですが、**判別** (discrimination) や**分類** (classification) の問題には馴染みが薄いようです。これらは回帰の問題と同様、データとモデルから定める目的関数を最大化・最小化するようにモデルパラメータを最適化する問題です。違うのは目的変数の性質で、回帰問題では連続的な値なのに対して、判別問題では離散的なクラスです。私の周辺で判別モデルに馴染みが薄い理由はよくわかりませんが、データの量や種類が少なければ、目で見て、境界線を引いて、それで十分なのかもしれません。

　判別問題の例を図 6.1 に示します。まずデータの背景を説明します。

　太陽のような質量の大きくない恒星は、進化の末期に漸近巨星分枝 (asymptotic giant branch: AGB) と呼ばれる段階に達して、固体微粒子 (ダスト) を含む物質を周囲に吹き飛ばすようになります。このダストに炭素が多く含まれる (C-rich) 星と、酸素が多く含まれる (O-rich) 星の 2 つの AGB 星のクラスが知られており、それらは銀河系の構造や進化を理解するための手がかりを与えてくれます。

　図 6.1 は天文学で「二色図」と呼ばれる散布図です。横軸は赤外線の波長 $9\,\mu$m から $18\,\mu$m、縦軸は波長 $2\,\mu$m から $9\,\mu$m の星のスペクトルの傾き (色) に相当する量です。サンプルはクラスがわかっている天体で、赤点が C-rich AGB、青点が O-rich AGB です。図中の実線のように境界を定めれば、境界線の左側が C-rich 型、右側が O-rich 型と判別できそうです。このように、

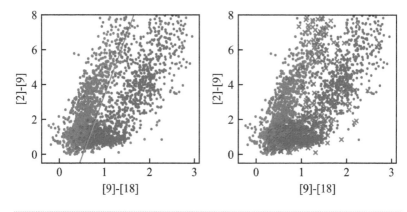

| 図6.1 | 判別問題の例

C-rich AGB 星 (赤) と O-rich AGB 星 (青) の二色図。横軸は波長 $9\,\mu m$ での星の等級から $18\,\mu m$ の等級を引いた色指数。これらの波長間のスペクトルの傾きに対応する。縦軸は波長 $2.2\,\mu m$ での等級から $9\,\mu m$ の等級を引いた色指数。左図の灰色の直線は目で見て引いた2つのクラスの境界線。右図は4つのパラメータで機械判別した結果。誤判定されたものは×印で表されている。

AGB 星のクラス判別に赤外線のデータは有効です。赤外線で全天を観測した宇宙望遠鏡「あかり」(2006–2011) によって、このような研究が可能になりました。同様のデータを用いたより詳しい解析から、C-rich AGB と O-rich AGB が銀河系内で異なる場所に分布していることなどが明らかになっています。[29]

　図 6.1 左図中の境界線は「えいや」と目で見て決めたものです。これを本章では判別モデルをデータに最適化して決めます。しかし、目で見て境界を決めるのはそんなにダメなことなのでしょうか？ 図 6.1 のケースなら、細部はともかく、おおまかな境界は自明なようにも見えます。判別モデルで機械的に決めた境界線が目で見て決めたものとたいして変わらず、周囲の人たちもそれで満足しているなら、わざわざ時間をかけて本章の内容を勉強する必要はないのでは？

　もちろん、判別モデルを使うメリットはあります。

　まず、目で見て境界が引けるのは、変数が2つしかないからです。上の例では「あかり」のデータを使いましたが、現在はそれに加えて NASA の赤外

線宇宙望遠鏡「WISE」が取得した別の波長帯のデータも利用できます。より多くの変数を使えば、より良い判別モデルになる可能性があります。しかし、3次元の散布図を眺めて境界面を定めるのは至難の業ですし、4次元以上だともう無理です。判別のための数理モデルなら、そのような高次元の問題も扱えます。

　ただし、回帰モデルと同様、多すぎる変数を使うと判別モデルも過適合になるので、判別モデルも汎化性能の評価が大切です。言い換えれば、変数の候補が多数あるとき、汎化性能に基づいて、データから判別に有効な変数を選択できます。選ばれた変数から、現象を理解する手がかりが得られるかもしれません。

　また、6.3節で扱うような確率的判別モデルを用いれば、サンプルがそれぞれのクラスに所属する確率が得られます。上の例では O-rich AGB か C-rich AGB か、という決定論的な2択ではなく、O-rich AGB である確率、C-rich AGB である確率が手に入ります。それによって、確率の高いサンプルだけをさらなる解析に使う、など、目的に応じて選択肢が広がります。

　図 6.1 右は AGB 星の問題に対して判別モデルを構築した結果です。6.3 節で紹介するモデルを使いました。あかりのデータに WISE のデータを加えた8個の観測量を説明変数の候補とし、汎化性能の良いモデルに共通する4つの変数 (波長 9、12、18、22 μm の星の等級) を見つけました。図ではそれら4つの変数を使った最良モデルでの結果を示しています。4次元のパラメータ空間を3次元の境界面で分けているので、この散布図上に境界線は描けません。このモデルで誤判別されたサンプルを「×」印で表示しています。

　本章では図 6.1 右を作るための知識、すなわち、代表的な判別モデルやそのモデルを評価する指標を説明します。まずは様々な判別モデルに共通する基本事項を学びましょう。

6.2　判別モデルの基本的な考え方

判別モデルのイロハ

　まず「判別」と「分類」という言葉について、本書での扱いを整理してお

きます。判別と似た言葉に「識別」がありますが、これらはどちらも英語の discrimination を訳したものであり、同義語とみなして、本書では画数の少ない「判別」に統一します。「判別」と「分類」も似た言葉ですが、よく以下のように別の意味をもたせて、使い分けられます。

判別 クラスが既知であるサンプルを分離するための指標を構築すること
分類 サンプルを既知のクラスに割り当てるルールを作ること

本書でも例えば、「データから判別モデルを構築して、そのモデルを利用してラベルなしのデータを分類する」のように使います。

　簡単のため、まずは 2 クラスを判別する問題を考えます。2 クラス問題とは、「感染」か「非感染」、「本物」か「偽物」、「C-rich AGB 星」か「O-rich AGB 星」、のように、判別すべきクラスが 2 つある問題を意味します。ここでは目的変数 y をクラス A (C_A)、クラス B (C_B) としましょう。この目的変数の確率が、説明変数 $\boldsymbol{x}$ で決まると考えます。説明変数は前節の例なら「波長 $9\,\mu\mathrm{m}$ での星の明るさ」などです。クラスがわかっている、つまり、ラベル付きのサンプルの個数を N、$\boldsymbol{x}$ の次元、つまり、説明変数の数を M とします。機械学習の分野では N 組の $(y_i, \boldsymbol{x}_i)$ は**教師データ** (training data)、特に $\boldsymbol{x}$ は**特徴量ベクトル** (feature vector) と呼ばれます。

　目的変数 y が C_A になる確率を知りたいなら、ベイズの定理を使うのが妥当です。特徴量 $\boldsymbol{x}$ をもつサンプルが $y = C_A$ である事後確率 $p(y = C_A|\boldsymbol{x}) = p(C_A|\boldsymbol{x})$ は、式 (3.16) (p.63) と同様に、

$$\begin{aligned} p(C_A|\boldsymbol{x}) &= \frac{p(\boldsymbol{x}|C_A)p(C_A)}{\sum p(\boldsymbol{x}|y)p(y)} \\ &= \frac{p(\boldsymbol{x}|C_A)p(C_A)}{p(\boldsymbol{x}|C_A)p(C_A) + p(\boldsymbol{x}|C_B)p(C_B)} \end{aligned} \tag{6.1}$$

で得られます。なお、C_B の事後確率は $1 - p(C_A|\boldsymbol{x})$ です。

　$p(\boldsymbol{x}|y)$、つまり、クラスごとの $\boldsymbol{x}$ の分布、そして事前分布 $p(y)$ がわかれば、式 (6.1) 右辺の全ての項を計算して $p(y|\boldsymbol{x})$ が得られます。そのようなモデルはデータが生成される過程を表したものであり、**生成モデル** (generative model) と呼ばれます。例えば、$p(\boldsymbol{x}|y)$ が多次元正規分布で近似できるなら、教師データからモデルを構築できます。ただし、特徴量ごとの平均と分散、特

徴量の全ての組み合わせで共分散、という多くのモデルパラメータをクラスごとに適切に推定しないといけません。また、一般的には $p(\boldsymbol{x}|y)$ は正規分布よりも複雑な分布をもちます。

　そこで、事後確率 $p(y|\boldsymbol{x})$ を $\boldsymbol{x}$ の関数として直接モデル化します。モデルにはやはり調整可能なパラメータが含まれていて、このようなモデルは**確率的判別モデル** (probabilistic discriminative model) と呼ばれます。次節以降でその代表的な方法を紹介します。尤度や事後確率が最大になるようパラメータを調整してモデルを最適化すれば、任意の $\boldsymbol{x}$ に対して確率 $p(y|\boldsymbol{x})$ が計算できます。あとは $p(y|\boldsymbol{x}) > p_0$ なら C_A に、$p(y|\boldsymbol{x}) < p_0$ なら C_B に分類するというルールを定めて、分類器が出来上がります。このとき $p(y|\boldsymbol{x}) = p_0$ は**決定境界** (decision boundary) と呼ばれます。モデルをデータに最適化して判別モデル $p(y|\boldsymbol{x})$ を得ることと、それに閾値を定めてサンプルを分類することは別物であることに注意しましょう。

　サンプルがどちらのクラスに分類されるかだけが知りたくて、確率は要らないケースもあるでしょう。もしそうなら、例えば、関数 $f(\boldsymbol{x})$ を用いて、$f(\boldsymbol{x}) = 0$ を決定境界とし、$f(\boldsymbol{x}) > 0$ なら C_A、$f(\boldsymbol{x}) < 0$ なら C_B に分類するアプローチが考えられます。このような $f(\boldsymbol{x})$ は**判別関数** (discriminant function) と呼ばれます。例えば、i 番目のサンプルがクラス C_A なら $y_i = 1$、C_B なら $y_i = -1$ と表現して、パラメータ $\boldsymbol{\theta}$ を含む連続関数 $f(\boldsymbol{x}; \boldsymbol{\theta})$ を y に最適化して判別関数を構築します。このようなモデルを確率的判別モデルと対比して、**決定的判別モデル** (deterministic discriminative model) と呼びましょう。

　判別関数は確率ではないので、尤度や事後確率は自動的には与えられず、モデルを教師データに最適化するためには目的関数の設定が不可欠です。回帰と同様、単純に二乗誤差 $\|\boldsymbol{y} - \boldsymbol{f}(\boldsymbol{x})\|_2^2$ $(\boldsymbol{f}(\boldsymbol{x}) = (f(\boldsymbol{x}_1), f(\boldsymbol{x}_2), \cdots, f(\boldsymbol{x}_N)))$ を目的関数とする最小二乗法も考えられますが、判別モデルにより適切な目的関数も使われます。具体的には次節以降で紹介します。

　クラスが 3 つ以上ある多クラスの判別を考えるとき、式 (6.1) のベイズの定理を拡張するのは簡単です。分母でクラスごとに足し合わせるべき項 $p(\boldsymbol{x}|C_k)p(C_k)$ を増やすだけで良いからです。ここで $k = 1, 2, \cdots, K$ は K (> 3) 個あるクラスのインデックスです。

一方、決定的判別モデルの多クラス問題への拡張は自明ではありません。

まず、クラス C_k と、それ以外のクラスを判別する 2 クラス問題のモデルが考えられます。そのような判別器をクラスの数、つまり K 個作り、判別関数 $f^k(\boldsymbol{x})$ の値が最も大きくなるクラスにサンプルを分類します。この方法は **1 対他** (one-versus-rest: OvR) 方式と呼ばれます。この方法は単純ですが、$f^k(\boldsymbol{x})$ は確率ではないので、異なる判別関数の値を比較することに注意が必要です。

別の方法として、**1 対 1** (one-versus-one: OvO) 方式、つまり、C_i と別のクラス C_j の 2 クラス判別器を全ての組み合わせについて構築する方法が考えられます。サンプルの分類は $(K-1)K/2$ 個の判別器の多数決で決める方法も考えられますし、それぞれの判別関数 $f^{ij}(\boldsymbol{x})$ の値から事後確率を推定する方法も提案されています。[30]

判別モデルの性能

前章まで扱ってきた回帰の問題では、モデルのデータへの適合度の評価には二乗誤差がよく使われました。判別の問題は回帰の問題と違って、目的変数は離散値であり、モデルの評価には別の指標もよく使われます。

まず準備として、図 **6.2** を説明します。この図は 2 クラス判別問題の例を示しています。用いたモデルは次節で紹介する確率的判別モデルですが、今は結果だけに注目しましょう。図中の黒線が決定境界です。右の表は分類の結果を示しています。この表から例えば、本来クラス C_A である 20 サンプルのうち、18 サンプルはモデルが C_A と正しく分類し、2 サンプルは C_B に誤分類されていることがわかります。このような表は**誤差行列** (error matrix)、もしくは、**混同行列** (confusion matrix) と呼ばれます。

モデルはサンプルがクラス C_A に分類される確率を与えるものとし、以降では推定結果が C_A なら**陽性** (positive)、C_B なら**陰性** (negative) と表現します。3.3 節で紹介した PCR 検査の例ならしっくりくる用語かもしれません。さて、図 6.2 右の誤差行列は 4 つの領域に分かれ、それぞれ以下のように呼ばれます。

真陽性 (True Positive: TP) 推定結果が C_A で、真のクラスも C_A。

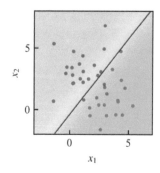

		真のクラス (ラベル)	
		C_A	C_B
推定結果	C_A	18 (TP)	2 (FP)
	C_B	2 (FN)	18 (TN)

図6.2 **2 クラスの線形判別モデルのイメージ**

左：2 つの特徴量 (x_1, x_2) 空間でのサンプルの散布図。赤点が教師データのラベルがクラス C_A で、青点が C_B。カラーマップが表すものは、確率的判別モデルの場合はサンプルが C_A に分類される確率であり、決定的判別モデルの場合は判別関数の値。黒の実線は決定境界。右：誤差行列 (混同行列)。

偽陽性 (False Positive: FP) 推定結果が C_A で、真のクラスは C_B。

真陰性 (True Negative: TN) 推定結果が C_B で、真のクラスも C_B。

偽陰性 (False Negative: FN) 推定結果が C_B で、真のクラスは C_A。

以下では TP、FP、TN、FN と書いて、それぞれに対応するサンプル数を表します。これらの量は判別モデルの話題で頻出するので、ここでよく理解して慣れておきましょう。

　判別モデルの最も単純な評価指標は**正解率** (accuracy) でしょう。正解率はモデルによって正しく分類された教師データの割合、つまり、$(TP + TN)/(TP + FP + TN + FN)$ です。図6.2のケースなら、$(18 + 18)/(18 + 2 + 18 + 2) = 0.9$ と計算されます。ラベル C_A のサンプルが正しく C_A に分類された割合は**再現率** (recall) と呼ばれ、$TP/(TP + FN)$ で与えられます。この量は 3.3 節の感度と同じであり、**真陽性率** (True Positive Rate: TPR) とも呼ばれます。逆に、**偽陽性率** (False Positive Rage: FPR) はラベル C_B のサンプルが誤って C_A に分類された割合で、$FP/(FP + TN)$ で与えられます。正解率や TPR は高いほど良いモデルですが、FPR は低いほど良いモデルです。これらの他に、**適合率** (precision, $= TP/(TP + FP)$)

や、3.3 節でも登場した**特異度** (specificity, $= TN/(FP + TN)$) などの指標も使われます。

　正解率のような指標は、それぞれのクラスで同程度の数のサンプルが教師データとして使えるときには有用です。図 6.2 の例では両方のクラスで 20 個ずつサンプルを用意したので問題ありません。もし、C_A のサンプルが 10^4 個、C_B のサンプルが 10 個なら、全てのサンプルを無条件に C_A に判別するモデルでも、正解率は $(10^4 + 0)/(10^4 + 10) \sim 0.999$、TPR $= 1$ と高い性能になってしまいます。一方、数少ない C_B のサンプルが全て C_A に誤判別されるので、FPR $= 1$ であり、これはモデルの性能の低さを示します。したがって、TPR と FPR の両方を考慮する指標が求められます。

　図 6.2 の例に戻りましょう。同じ散布図と判別モデルを**図 6.3** 左上にも示します。このモデルでは教師データのサンプルに確率が与えられます。図 6.3 左中央は横軸がサンプルが赤クラスである確率であり、青サンプル・赤サンプルそれぞれの分布を示しています。今、決定境界を確率 $p = 0.5$ とすると、本来は赤クラスなのに確率が 0.5 以下になるサンプルが 2 つあり、TPR $= 18/20 = 0.90$ です。逆に本来は青クラスなのに確率が 0.5 以上になるサンプルも 2 つあり、FPR $= 2/20 = 0.10$ です。

　横軸に FPR、縦軸に TPR をとった図 6.3 左下において、緑丸が決定境界 $p = 0.5$ の状態を表します。決定境界を $p = 0.2$ にすると、TP が 1 つ増え、FP は 2 つ増えるので、TPR $= 19/20 = 0.95$、FPR $= 4/20 = 0.2$ となり、図 6.3 左下では緑丸の少し右上の点に対応します。このように、決定境界の閾値を変えて TPR と FPR を計算すると、図 6.3 左下のような曲線が描けます。これは**受信者操作特性** (Receiver Operating Characteristic: ROC) 曲線と呼ばれます。

　理想の判別モデルは TPR $= 1$、FPR $= 0$ なので、ROC 曲線からモデルの性能が測れます。悪いモデルの例を見てみましょう。図 6.3 右は同じ教師データに対して、特徴量 x_1 だけで判別モデルを構築した結果です。確率は x_1 だけの関数になっていることが上の図からわかります。中央の図を見ると、FP や FN が多くなっていることも確認できます。図 6.3 左と右の ROC 曲線を比較すると、右の ROC 曲線の方が理想的な状態 (TPR $= 1$、

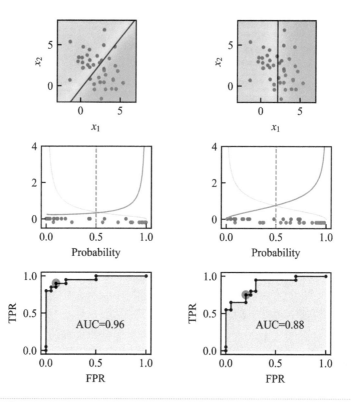

|図 6.3 | ROC と AUC

上：教師データの散布図。判別モデルがカラーマップで、確率 0.5 の決定境界が実線で
表されている。中：判別モデルから得られる、赤いクラスに分類される確率の分布。青
線と赤線はそれぞれの分布のイメージ。確率 0.5 を決定境界としており、それが緑点
線で示されている。下：ROC 曲線。緑丸は確率 0.5 を決定境界としたときの FPR と
TPR を示す。図中に AUC の値を示している。左：2 つの説明変数 (x_1, x_2) を用いた
判別モデル。右：x_1 のみを用いた判別モデル。

$\mathrm{FPR} = 0)$ から離れており、モデルの性能が低いことを意味します。

　ROC を用いたモデル性能の指標として、ROC 曲線より下の領域の面積 (**曲
線下面積**：Area Under the Curve, AUC) が使われます。これは図 6.3 下の
灰色領域の面積です。ROC の AUC は定義上、0 から 1 までの値をとります。
図 6.3 下には AUC の値が示されており、1 つしか特徴量を使わない右のモ

デル (AUC = 0.88) よりも、2 つの特徴量を使う左のモデル (AUC = 0.96) の方が、高い AUC をもちます。教師データのサンプル数がクラスごとに異なる状況で、AUC は判別モデルの性能指標としてよく用いられます。

確率的判別モデルでなくても AUC は計算できます。計算に必要なのは確率ではなく TPR と FPR なので、判別関数の閾値を変えながら TPR と FPR の推移を調べれば、ROC 曲線が描けます。

高次元の特徴量ベクトルを使い、過適合が心配であれば、回帰の問題と同様、判別モデルも汎化性能で評価すべきです。モデルの汎化性能は交差検証で測るのが簡単で便利です。ラベル付きの教師データを訓練データと検証データに分割した上で、訓練データで構築した判別モデルを用いて検証データを分類し、その正解率や AUC などを計算します。K 分割交差検証を使うなら、K 個の指標を平均して最終的な指標とします。

多クラス問題に上述の評価指標を拡張するのは、例によって自明ではありません。例えば、1 対他方式ならクラスの数だけ正解率や AUC といった指標が得られるので、その平均値をモデルの性能指標とするのが最も単純です。このような 2 クラス判別器の指標から多クラス判別器の指標を計算する手法は**マクロ平均** (macro average) と呼ばれます。マクロ平均は正解率のような比の加算平均をとる気持ち悪さがありますが、クラスごとにサンプル数が異なる状況でも、各モデルの指標が同じ重みで扱われるのが特徴です。

マクロ平均に対して、全てのクラスの組み合わせの情報から多クラス判別器の指標を得る手法は**マイクロ平均** (micro average) と呼ばれます。多クラス問題でも、表 6.1 のように、誤差行列は問題なく作成できます。クラスごとに例えば True C_A のサンプル数を TA のように定義すれば、$TP = TA + TB + TC$ と考えられます。また、C_A についての FN を FA と書くと、これは表中の記号を使って、$FA = FA_B + FA_C$ であり、全クラス合計して、$FN = FA + FB + FC = FA_B + FA_C + FB_A + FB_C + FC_A + FC_B$ と計算できます。この方法だとサンプル全体の数を N として $FP = FN = N - TP$ になり、正解率 $(= TP/N)$ と TPR $(= TP/(TP + FN) = TP/N)$ は同じ値になります。マイクロ平均で得られた指標は、小サンプルのクラスの重みが小さくなります。また、上記の方法では TN が定義できないため、FPR

表6.1 **多クラスの誤差行列の例**

	真のクラス		
	C_A	C_B	C_C
C_A	197 (TA)	3 (FB_A)	10 (FC_A)
C_B	2 (FA_B)	196 (TB)	8 (FC_B)
C_C	1 (FA_C)	1 (FB_C)	2 (TC)

$TP = TA + TB + TC = 197 + 196 + 2 = 395$ であり、サンプル数は $N = 200 + 200 + 20 = 420$ なので、マイクロ平均での正解率と TPR はともに $395/420 = 0.94$。一方、マクロ平均の TPR は $(197/200 + 196/200 + 2/20)/3 = 0.69$。

が計算できず、2 クラス問題で定義した AUC は得られません。AUC に関しては、各サンプルが各クラスに分類される確率をもとに、マイクロ平均的な拡張がいくつか提案されています。[31]

　マクロ平均とマイクロ平均のどちらを使うべきかという問題は、用いる指標やクラスのサンプル数の偏りにも関係します。指標と平均法の特性を理解した上で、問題の目的に合わせて適切に判断しましょう。

6.3　ロジスティック回帰

ロジスティックシグモイド関数

　前節では判別モデルの基本用語や評価指標を説明しましたが、肝心の判別モデルそのものには触れていませんでした。様々な判別モデルの中から、本節では確率的判別モデル、次節では決定的判別モデルの例を紹介します。

　再び簡単のため 2 クラス (C_A, C_B) の判別問題を考えましょう。サンプル数は N、特徴量ベクトル $\boldsymbol{x}$ の次元を M とします。まず、式 (6.1) のベイズの定理を以下のように変形します。

$$p(C_A|\boldsymbol{x}) = \frac{p(\boldsymbol{x}|C_A)p(C_A)}{p(\boldsymbol{x}|C_A)p(C_A) + p(\boldsymbol{x}|C_B)p(C_B)} \tag{6.2}$$

$$= \frac{1}{1 + \exp(-a)} = \sigma(a) \tag{6.3}$$

$$a = \log \frac{p(\boldsymbol{x}|C_A)p(C_A)}{p(\boldsymbol{x}|C_B)p(C_B)} \tag{6.4}$$

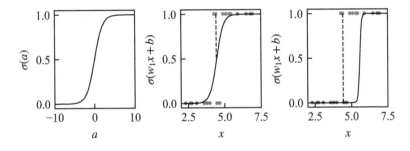

図6.4│ロジスティックシグモイド曲線

左：関数 $\sigma(a) = 1/(1 + \exp(-a))$。中央：特徴量 x をもつ青クラス $(y = 0)$ と赤クラス $(y = 1)$ のデータに対する最尤解モデル。横軸は a ではなく特徴量 x であることに注意。縦軸はロジスティックシグモイド関数の値であり、かつ、特徴量 x をもつサンプルが赤クラスである確率。ラベルは赤だが特徴量では正しく分類できないサンプル $(x = 4.4)$ は確率が 0.5 程度になる。右：尤度が低いモデルの例。青クラスは全て正しく判別されるが、$x = 4.4$ のサンプルは確率が極端に小さくなり、尤度を下げる。

ここで関数 $\sigma(a)$ は**ロジスティックシグモイド関数** (logistic sigmoid function)、もしくは略してシグモイド関数、と呼ばれます（図 6.4 左）。この関数は 0 から 1 までの値をとり、$\sigma(0) = 0.5$ を中心に対称な形をしています。

式 (6.4) から、a は特徴量 $\boldsymbol{x}$ の関数ですが、$p(\boldsymbol{x}|C_k)$ と $p(C_k)$ がわからないので、計算できません。そこで、a を $\boldsymbol{x}$ の線形結合と切片項で、

$$a = \boldsymbol{w}_1^T \boldsymbol{x} + b = \boldsymbol{w}^T \boldsymbol{x} \tag{6.5}$$

としましょう。判別モデルでは係数 $\boldsymbol{w}_1$ は重みベクトル、切片 b はバイアス、とも呼ばれます。本節では以降、バイアスも含めて $\boldsymbol{w}$ と書きます。$p(\boldsymbol{x}|C_k)$ が全てのクラスで同じ分散共分散行列をもつ M 次元正規分布であれば、式 (6.5) の形は厳密に成り立ちます。このモデルパラメータ $\boldsymbol{w}$ をデータから最尤推定して構築する判別モデルは**ロジスティック回帰** (logistic regression) と呼ばれます。

尤度と交差エントロピー

目的変数である教師データのラベルを、クラスが C_A なら $y = 1$、C_B なら $y = 0$ と表現します。N 個のサンプルから 0 か 1 の要素をもつ N

次元ベクトル $\boldsymbol{y}$ が与えられ、サンプルごとに M 次元特徴量ベクトル $\boldsymbol{x}$ が与えられます。ロジスティック回帰のモデルは式 (6.3) と (6.5) を整理して $p(y|\boldsymbol{x}) = \sigma(\boldsymbol{w}^T\boldsymbol{x})$ です。$\sigma(\boldsymbol{w}^T\boldsymbol{x})$ は $y = 1$ である確率だとすると、$y = 0$ である確率は $1 - \sigma(\boldsymbol{w}^T\boldsymbol{x})$ です。これはまとめてベルヌーイ分布 $p(y) = \sigma^y(1-\sigma)^{1-y}$ で表されます。したがって、N 個ある y の同時確率、つまり、尤度関数はモデルパラメータ $\boldsymbol{w}$ の関数として、以下で与えられます:

$$p(\boldsymbol{y}|\boldsymbol{w}) = \prod_i \sigma(\boldsymbol{w}^T\boldsymbol{x}_i)^{y_i}\{1 - \sigma(\boldsymbol{w}^T\boldsymbol{x}_i)\}^{1-y_i} \tag{6.6}$$

この尤度を最大にする $\boldsymbol{w}$ がロジスティック回帰の解です。2 クラス問題のロジスティック回帰は、リンク関数がロジット関数 $\ln\frac{p}{1-p}$、確率分布がベルヌーイ分布である、一般化線形モデルと等価です (1.1 節参照)。

負の対数尤度関数は以下です。

$$\begin{aligned} E(\boldsymbol{w}) &= -\log p(\boldsymbol{y}|\boldsymbol{w}) \\ &= -\sum_i \{y_i \log \sigma(\boldsymbol{w}^T\boldsymbol{x}_i) + (1-y_i)\log(1 - \sigma(\boldsymbol{w}^T\boldsymbol{x}_i))\} \end{aligned} \tag{6.7}$$

$E(\boldsymbol{w})$ を最小にする $\boldsymbol{w}$ を探す問題は凸最適化問題になり、最急降下法などで解が得られます。

式 (6.7) の形は一般に $\boldsymbol{y}$ と $\boldsymbol{\sigma} = \{\sigma(\boldsymbol{w}^T\boldsymbol{x}_1), \sigma(\boldsymbol{w}^T\boldsymbol{x}_2), \cdots, \sigma(\boldsymbol{w}^T\boldsymbol{x}_N)\}$ との間の**交差エントロピー** (cross-entropy) と呼ばれます。交差エントロピーは 2 つの分布が近いほど小さくなります。

多クラス問題への拡張はほぼ自明で、ベイズの定理から以下が与えられます。

$$p(C_k|\boldsymbol{x}) = \frac{p(\boldsymbol{x}|C_k)p(C_k)}{\sum_j p(\boldsymbol{x}|C_j)p(C_j)} \tag{6.8}$$

$$= \frac{\exp(a_k)}{\sum_j \exp(a_j)} \tag{6.9}$$

$$a_k = \log(p(\boldsymbol{x}|C_k)p(C_k)) \tag{6.10}$$

式 (6.9) は $\boldsymbol{a}$ の**ソフトマックス関数** (softmax function) と呼ばれます。

2 クラス問題と同様、最後の式を $a_k = \boldsymbol{w}_k^T\boldsymbol{x}$ として、$\boldsymbol{w}_k$ $(k = 1, 2,$

$\cdots, K)$ を推定します。多クラス問題では目的変数は K 次元ベクトル $\boldsymbol{y}_i = (1, 0, 0, \cdots, 0)$ のように表現します。この例では i 番目のサンプルのクラスが C_1 であることを意味します。この記法は **1-of-K 符号化法** (1-of-K coding) と呼ばれます。N 個の $\boldsymbol{y}_i$ をまとめて $\boldsymbol{Y}$ とし、モデルパラメータも K 個の M 次元ベクトル $\boldsymbol{w}_k$ をまとめて $\boldsymbol{W}$ と書きましょう。多クラスのロジスティック回帰は、$N \times K$ 個の要素をもつ $\boldsymbol{Y}$ から、$M \times K$ 個のパラメータ $\boldsymbol{W}$ を推定する問題です。尤度関数と、その負の対数である目的関数は、以下です。

$$p(\boldsymbol{Y}|\boldsymbol{W}) = \prod_i \prod_k \left\{ \frac{\exp(\boldsymbol{w}_k^T \boldsymbol{x}_i)}{\sum_j \exp(\boldsymbol{w}_j^T \boldsymbol{x}_i)} \right\}^{y_{ik}} \tag{6.11}$$

$$E(\boldsymbol{W}) = -\sum_i \sum_k y_{ik} \log \frac{\exp(\boldsymbol{w}_k^T \boldsymbol{x}_i)}{\sum_j \exp(\boldsymbol{w}_j^T \boldsymbol{x}_i)} \tag{6.12}$$

2 クラス判別のためのシグモイド関数も、多クラス判別のためのソフトマックス関数も、入力を $[0, 1]$ の範囲の値に変換する働きがあります。このため、ロジスティック回帰以外の様々な判別モデルで、その出力を 0 か 1 の値をとる目的変数と比較するためによく使われます。また、モデルの出力をこれらの関数で変換した上で、交差エントロピーを誤差関数として最適化する手法も、判別モデル全般でよく使われます (第 8 章参照)。

線形から非線形へ

さて、ここまでのモデルだと特徴量 $\boldsymbol{x}$ に対して線形の決定境界、つまり、図 6.3 のような真っ直ぐな境界しか扱えません。非線形な、曲がった判別境界を実現するためには、元々データとして得られた $\boldsymbol{x}$ に非線形な変換 $\boldsymbol{\phi}(\boldsymbol{x})$ を施して、ベクトル $\boldsymbol{\phi}$ を新しい特徴量とする判別モデルを作ります。つまり、2 クラス問題ならモデルは以下です。

$$p(y_i|\boldsymbol{\phi}_i) = \sigma(\boldsymbol{w}^T \boldsymbol{\phi}_i) \tag{6.13}$$

問題は、変換する関数 $\boldsymbol{\phi}(\boldsymbol{x})$ の設定です。例えば、$\boldsymbol{x}$ の要素の値が何桁にもわたるなら、$\boldsymbol{\phi}(\boldsymbol{x}) = \log \boldsymbol{x}$ のように変換すると良いモデルができるかもしれませんが、一般的に有用とはいえません。$\boldsymbol{\phi}$ はベクトルで、その次元は

元々の特徴量の個数 M より大きくても構いません。対数の他に思いつくありとあらゆる変換を含めて、巨大なベクトル ϕ を作っても構いませんが、計算は大変です。また、サンプル間の関係性や類似性も $\phi(x)$ に組み込みたいところです。特徴量 x_i をもつサンプルが C_A なら、それに近い x_j をもつ別のサンプルも C_A に分類する、という判断は自然なものでしょう。

このような問題意識のもと、式 (6.13) を変形していきます。あるサンプルの特徴量ベクトル x_i を変換して $\phi_i = \phi(x_i)$ が得られます。ここで、モデルパラメータ w が特徴量 ϕ の線形結合で表されると仮定します。つまり、$w = \sum_j \alpha_j \phi_j$ です。このとき、ϕ_i をもつサンプルが C_A、つまり $y_i = 1$ である確率は、式 (6.13) から、

$$p(y_i = 1|\phi_i) = \sigma(w^T \phi_i) \tag{6.14}$$

$$= \sigma\left((\sum_j \alpha_j \phi_j)^T \phi_i \right) \tag{6.15}$$

$$= \sigma\left(\sum_j \alpha_j \phi_j^T \phi_i \right) \tag{6.16}$$

$$= \sigma\left(\alpha k(x_i, x_j) \right) \tag{6.17}$$

と表されます。ここで、$k(x_i, x_j)$ は N 次元のベクトルで、その成分は $(k(x_i, x_1), k(x_i, x_2), \cdots, k(x_i, x_N))$ であり、$k(x_i, x_j) = \phi_j^T \phi_i = \phi(x_j)^T \phi(x_i)$ はベクトル ϕ_i と ϕ_j の内積です。

特徴量 ϕ からパラメータ w を推定する問題 (式 (6.14)) は、k から α を推定する問題 (式 (6.17)) に変わりました。したがって、k を新たな特徴量とみなしても良いでしょう。といっても、k は関数 ϕ がわからないと計算できません。そこで、ϕ の関数形を決めるのは諦めて、k を適当な関数形で置き換えてしまいましょう。例えば、サンプルの類似性の指標として、特徴量空間での距離 $\|x_i - x_j\|_2$ を使った正規分布の形

$$k(x_i, x_j) = \exp\left(-\frac{\|x_i - x_j\|_2^2}{2\sigma^2} \right) \tag{6.18}$$

がよく使われます。x_i と x_j が互いに近いと k は 1 に近くなり、離れている

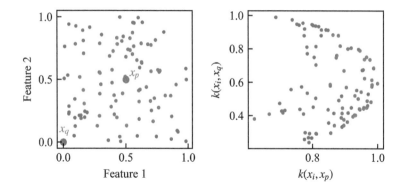

図6.5 左：線形モデルでは判別できない例／右：カーネル化した特徴量での散布図
左図の $\boldsymbol{x_p}$ からの距離 $\|\boldsymbol{x_i} - \boldsymbol{x_p}\|_2$ の関数である新たな特徴量 $k(\boldsymbol{x_i}, \boldsymbol{x_p}) = \exp(-\|\boldsymbol{x_i} - \boldsymbol{x_p}\|_2^2)$ が右図の横軸、別の点 $\boldsymbol{x_q}$ から同様に得られる量が縦軸。$k(\boldsymbol{x_i}, \boldsymbol{x_p})$ を使うとうまく判別できる。

と k は小さくなります。

例えば、図6.5左のような2クラスの判別問題は、2つの特徴量の線形モデルではうまく判別できません。しかし、式 (6.18) で特徴量を変換し、図中の $\boldsymbol{x_p}$ をもつサンプルからの距離を使った特徴量 $k(\boldsymbol{x_i}, \boldsymbol{x_p}) = \exp(-\|\boldsymbol{x_i} - \boldsymbol{x_p}\|_2^2)$ では、図6.5右のように、高い精度でサンプルが判別できます。このような新たな特徴量を複数組み合わせることで、より複雑な形状の決定境界が作れます。

このように、ϕ の代わりに、その内積にあたる k の関数形を与える手法は**カーネル法** (kernel method) と呼ばれます。カーネル法はロジスティック回帰だけでなく、他の判別モデルや回帰モデルも含めて、様々な場面で登場する重要な概念です。カーネル関数は調整可能なパラメータをもち、それらがモデルを決めます。高い次元をもつかもしれない ϕ の代わりに、k がもつ少数のパラメータの調整で済むのがカーネル法の利点です。

便利なカーネルとして、様々な関数形が知られています。例えば、式 (6.18) の形は**ガウスカーネル** (Gauss kernel)、もしくは **RBF カーネル** (Radial Basis Function kernel) と呼ばれます。このカーネル関数はパラメータとして分散 σ^2 をもっています。このパラメータで、影響を受ける距離の範囲が

調整できます。このパラメータはしばしば $\gamma = 1/(2\sigma^2)$ とも表されます。プログラムで便利なライブラリを使うときは、カーネルパラメータの定義をよく確認しましょう。

スパース正則化

N 個のデータを M 個の特徴量で判別する問題は、カーネル化によって N 個のデータをバイアス項を含めて $N+1$ 個の特徴量で判別する問題に変わります。普通は $N > M$ なので、カーネル化すると特徴量が増えて、過適合が心配になります。カーネル化しなくても、そもそも特徴量が多いと同じ心配があります。過適合を避けるためには前章で扱った正則化が有用です。式 (6.7) や (6.12) の誤差関数 $E(\boldsymbol{w})$ に $\boldsymbol{w}$ の 1 次ノルムを正則化項にして、

$$\hat{\boldsymbol{w}} = \arg \min_{\boldsymbol{w}} \{E(\boldsymbol{w}) + \lambda\|\boldsymbol{w}\|_1\} \tag{6.19}$$

とすることで過適合が防げます。多クラスの場合も含めて、このモデルは**スパース多クラスロジスティック回帰** (Sparse Multinomial Logistic Regression: SMLR) と呼ばれます。

　SMLR は正則化係数 λ をもちます。この λ は交差検証で決めるのが簡単で便利です。交差検証で使用する判別モデルの性能指標については前節で紹介しました。観測された元々の特徴量 $\boldsymbol{x}$ を使って SMLR で判別器を構築し、交差検証などで λ を決めれば、判別に有用な特徴量をデータから選択できます。ただし、この場合は線形の判別境界しか扱えません。カーネル化したモデルでは、同様にして SMLR で汎化性能の良い非線形の判別モデルが構築できます。ただし、λ に加えてカーネルパラメータも適切な値に調整しないと、良いモデルにはなりません。

　本節の最後に人工データを使って SMLR を実践してみましょう。決定境界が見やすいよう、特徴量が 2 つの 2 クラス問題を考えます。ラベル付きの 50 組の教師データ、$(y_i, \boldsymbol{x}_i)$ $(i = 1, 2, \cdots, 50)$、$\boldsymbol{x}_i = (x_{i1}, x_{i2})$ を用意します。図 6.6 にはクラス C_A のサンプルが青い点で、C_B のサンプルが赤い点で表されています。サンプルが C_A である確率を推定するロジスティック回帰モデルを構築していきます。

　まず RBF カーネルを使って、特徴量を変換します。このとき、x_1 と x_2

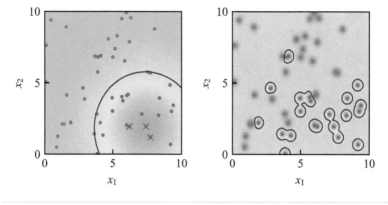

図6.6│SMLRの例

左：最良モデル。カラーマップはクラス確率で、実線は確率 0.5 の決定境界を示す。×
印はそれらからの距離が有効な特徴量として選択されたサンプル。右：過適合なモデル
の例。

表6.2│RBF カーネルを用いて得られる新たな特徴量 k

i	新しい特徴量			
	k_1	k_2	$\cdots$	k_{50}
1	$\exp\left\{-\frac{\|x_1-x_1\|_2^2}{2\sigma^2}\right\}$	$\exp\left\{-\frac{\|x_1-x_2\|_2^2}{2\sigma^2}\right\}$	$\cdots$	$\exp\left\{-\frac{\|x_1-x_{50}\|_2^2}{2\sigma^2}\right\}$
2	$\exp\left\{-\frac{\|x_2-x_1\|_2^2}{2\sigma^2}\right\}$	$\exp\left\{-\frac{\|x_2-x_2\|_2^2}{2\sigma^2}\right\}$	$\cdots$	$\exp\left\{-\frac{\|x_2-x_{50}\|_2^2}{2\sigma^2}\right\}$
$\vdots$		$\vdots$		
50	$\exp\left\{-\frac{\|x_{50}-x_1\|_2^2}{2\sigma^2}\right\}$	$\exp\left\{-\frac{\|x_{50}-x_2\|_2^2}{2\sigma^2}\right\}$	$\cdots$	$\exp\left\{-\frac{\|x_{50}-x_{50}\|_2^2}{2\sigma^2}\right\}$

がとる値の範囲が大きく異なる場合は、それぞれ平均 $\bar{x}$ を引いて標準偏差 σ_x
で割る標準化、$x'_i = (x_i - \bar{x})/\sigma_x$ の処理を施します。RBF カーネルで変
換した新たな特徴量 k を表6.2 に示します。i 番目のサンプルにおいて、k_{ij}
は x_i と x_j の距離の関数です。

　式 (6.3) のシグモイド関数 σ を使って、モデルは $p(C_A|k) = \sigma(w^T k)$ で
す。ここから尤度や誤差関数 $E(w)$ が計算でき、式 (6.19) を用いて 50 組

の教師データからバイアス項を含む 51 次元ベクトル w を推定します。式 (6.19) の正則化係数 λ と式 (6.18) のカーネルパラメータ σ^2 は、5 分割交差検証で最も良い ROC-AUC をもつモデルの λ と σ^2 に決めます。SMLR を使うので、51 個ある w の要素の多くはゼロになると期待されます。

最良モデルが与える確率を図 6.6 左にカラーマップで示します。実線は確率 0.5 の決定境界です。×印付きの 3 つのサンプルが、非ゼロの係数 w をもつ k_j における距離の原点 x_j に対応します。すなわち、決定境界はいわば、これら 3 点からの距離に重みをつけて合算したような場所に位置します。51 個の特徴量のうち、3 個とバイアス項しか使わないモデルで汎化性能で最良になりました。この例は決定境界が円に近い、単純な形をしていますが、より多くの特徴量を使えば、より複雑な形状の決定境界も表現できます。

51 個の特徴量を全て使い、RBF カーネルの分散をとても小さくすると、図 6.6 右のようなモデルになります。このモデルは教師データに対しては正解率 100%ですが、明らかに汎化性能は落ちます。これは 2.1 節の多項式フィットで生じた過適合の問題、つまり、10 個のデータに 9 次式 (切片項を合わせてパラメータ 10 個) を当てはめると全てのデータ点を通るモデルができてしまう問題と同じです。汎化性能でモデルを評価する大切さがよくわかります。

6.4 サポートベクトルマシン

ハードマージン

本節では決定的判別モデルの代表として、**サポートベクトルマシン** (Support Vector Machine: SVM) を紹介します。確率モデルではないので、統計モデルや尤度は定義されません。では、どのように目的関数を設定するのでしょうか？

図 6.7 のように、2 つのクラス C_A と C_B が完全に分離できるケースを考えます。判別関数を特徴量ベクトル x の線形結合 $f(x) = w^T x + b$ とし、決定境界は $f(x) = 0$ とします。なお、これだと真っ直ぐな境界しか表現できませんが、前節と同様、後に非線形変換した新たな特徴量 $\phi(x)$ を使って、曲がった境界も可能にします。目的変数はクラス C_A なら $y = 1$、C_B なら

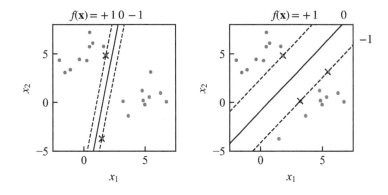

図 6.7 **SVM における判別関数** $f(\boldsymbol{x}) = \boldsymbol{w}^T \boldsymbol{x} + b$ **とハードマージン**
×印はサポートベクトル、実線は $f(\boldsymbol{x}) = 0$ の決定境界、点線は $f(\boldsymbol{x}) = \pm 1$ を示す。
実線と点線の間隔がマージン $= 1/\|\boldsymbol{w}\|_2$。左：マージンが小さい場合。右：マージンが
最大の場合。

$y = -1$ とします。そして、判別関数が $f(\boldsymbol{x}) > 0$ なら C_A に、$f(\boldsymbol{x}) < 0$ な
ら C_B に判別します。

さて、このような決定境界は、図 6.7 のように無数に存在できますが、SVM
はその中から**マージン** (margin) が最大になる決定境界を選びます。ここで
マージンは、決定境界に最も近いサンプル $\boldsymbol{x}_{\text{SV}}$ と決定境界との距離で定義さ
れます。$\boldsymbol{x}_{\text{SV}}$ は**サポートベクトル** (support vector) と呼ばれます。図 6.7
左は最大マージンではない例、右は最大マージンのモデルを示しています。

一般に、点 $\boldsymbol{x}'$ と超平面 $f(\boldsymbol{x}) = \boldsymbol{w}^T \boldsymbol{x} + b = 0$ との距離は $|f(\boldsymbol{x}')|/\|\boldsymbol{w}\|_2$ で
す。したがって、$f(\boldsymbol{x}_{\text{SV}}) = \pm 1$ になるように判別関数を作れば、マージンは
$|f(\boldsymbol{x}_{\text{SV}})|/\|\boldsymbol{w}\|_2 = 1/\|\boldsymbol{w}\|_2$ と簡単になります。また、サンプルが C_A、つま
り、$y_i = 1$ なら $f(\boldsymbol{x}_i) \geq 1$、サンプルが C_B、$y_i = -1$ なら $f(\boldsymbol{x}_i) \leq -1$ な
ので、判別関数が満たすべき条件は、まとめて $y_i f(\boldsymbol{x}_i) = y_i(\boldsymbol{w}^T \boldsymbol{x}_i + b) \geq 1$
と書け、これが制約条件になります。

整理すると、SVM は以下の 2 次計画問題 (2.2 節参照) で表されます。

$$\min_{\boldsymbol{w}, b} \frac{1}{2} \|\boldsymbol{w}\|_2^2 \tag{6.20}$$

$$\text{subject to} \quad y_i(\boldsymbol{w}^T \boldsymbol{x}_i + b) \geq 1 \tag{6.21}$$

ここで、マージン $1/\|\boldsymbol{w}\|_2$ を最大化する問題を $\|\boldsymbol{w}\|_2^2$ を最小化する問題に置き換えて、扱いやすくしています。係数 $1/2$ は後の計算を簡単にしてくれます。制約条件はデータの数だけあります $(i = 1, 2, \ldots, N)$。これで、N 組の教師データ $(y_i, \boldsymbol{x}_i)$ から、M 次元ベクトル $\boldsymbol{w}$ を推定する SVM の問題が記述できました。

この問題をカーネル化したいので、もう少し式をいじります。ラグランジュの未定乗数法 (2.2 節参照) を用いて、目的関数と制約である式 (6.21) を合わせて、以下の新たな目的関数を作ります。

$$L = \frac{1}{2}\|\boldsymbol{w}\|_2^2 - \sum_i \alpha_i \left\{ y_i(\boldsymbol{w}^T\boldsymbol{x}_i + b) - 1 \right\} \tag{6.22}$$

N 個の $\alpha_i \, (\geq 0)$ が新たに導入された変数です。

$\boldsymbol{w}$ と b について、L の微分がゼロになる条件

$$\frac{\partial L}{\partial \boldsymbol{w}} = \boldsymbol{0} \Rightarrow \boldsymbol{w} - \sum_i \alpha_i y_i \boldsymbol{x}_i = \boldsymbol{0} \tag{6.23}$$

$$\boldsymbol{w} = \sum_i \alpha_i y_i \boldsymbol{x}_i \tag{6.24}$$

$$\frac{\partial L}{\partial b} = 0 \Rightarrow -\sum_i \alpha_i y_i = 0 \tag{6.25}$$

$$\sum_i \alpha_i y_i = 0 \tag{6.26}$$

を使って、L から $\boldsymbol{w}$ と b を消してしまいましょう。

$$L = \sum_i \alpha_i - \frac{1}{2} \sum_i \sum_j \alpha_i \alpha_j y_i y_j \boldsymbol{x}_i^T \boldsymbol{x}_j \tag{6.27}$$

これで、元の問題は $\boldsymbol{\alpha}$ について L を最大化する問題になりました。ただし、式 (6.22) で、$\boldsymbol{w}$ については 2 次式なので式 (6.24) を満たせば十分ですが、b については 1 次式なので式 (6.26) は満たすべき制約条件として残ります。この段落で示した数式のより厳密な扱いについては、不等式制約を含む問題に対する KKT 条件を参照してください。[32]

式 (6.27) に $\boldsymbol{x}_i^T \boldsymbol{x}_j$ の形が出てきました。あとは前節と同様です。特徴量

x に非線形な変換 $\phi(x)$ を施して、ϕ を新たな特徴量と考えます。式 (6.27) の x を ϕ と置き換えて、カーネル関数 $k(x_i, x_j) = \phi_i^T \phi_j$ を使えば、ϕ そのものを定義しなくても、非線形な判別境界が扱えます。

ここまでは 2 つのクラスが完全に分離できる問題を扱ってきました。式 (6.21) のマージンの設定は**ハードマージン** (hard margin) と呼ばれます。

ソフトマージン

現実の多くの問題では 2 つのクラスを完全には分離できません。そこで、式 (6.21) の制約条件を以下のように緩和します。

$$\text{subject to} \quad y_i(w^T x_i + b) \geq 1 - \xi_i \tag{6.28}$$

新たに $\xi_i \ (\geq 0)$ が導入されました。ハードマージンでは $y = 1$ なら全てのサンプルで $f(x) \geq 1$ でした。式 (6.28) の設定なら、正の ξ_i をもついくつかのサンプルでは $f(x) < 1$ が許されます。この設定は**ソフトマージン** (soft margin) と呼ばれます。

しかし、ξ_i を無制限にたくさんのサンプルで大きくしてしまうと判別モデルの性能が悪くなります。そこで、式 (6.20) に ξ_i に関する制約を加えて、

$$\min_w C \sum_i \xi_i + \frac{1}{2}\|w\|_2^2 \tag{6.29}$$

としましょう。これで $\|w\|_2^2$ を小さく、つまり、マージンを大きくしつつ、なるべく多くの ξ をゼロにする解が得られます。式 (6.29) の最小化問題を式 (6.28) の制約のもとで解くのがソフトマージン SVM です。汎化性能の高いモデルを得るために、交差検証などを使って正則化係数 C を適切な値に調整します。

ハードマージン SVM と同様、ラグランジュの未定乗数法で 1 つの目的関数 L を作り、L の w、b、ξ_i についての微分がゼロになる条件で変数を消すと、式 (6.27) と全く同じ形が得られます。したがって、ソフトマージン SVM でもカーネル法が使えます。ただし、ξ_i の条件から、制約条件 $0 \leq \alpha_i \leq C$ が追加されます。カーネル関数のパラメータという、適切な値に設定しないといけないパラメータが増えるのも前節と同じです。

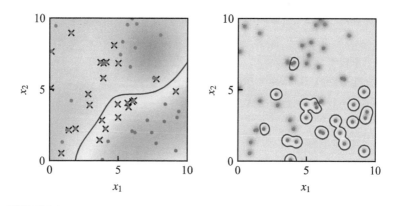

|図 6.8|ソフトマージンの例

データは図 6.6 と同じ。左：最良モデル。×印はそれらからの距離がサポートベクトルとして選ばれたサンプル。右：過適合なモデルの例。

図 6.8 は RBF カーネルを用いたソフトマージン SVM で、前節の SMLR の例と同じデータ (図 6.6) を判別した結果です。前節と同様、特徴量次第では RBF カーネルを使う際に、特徴量を標準化します。正則化係数 C とカーネルパラメータ σ^2 はモデルの ROC-AUC が最も高くなるよう、交差検証で決めました。その最良なモデルを図 6.8 左に示しています。×印の付いたサンプルは、これらの点からの距離に相当する特徴量がサポートベクトルとして選ばれたことを意味します。図 6.8 右は過適合してしまったモデルの例で、図 6.6 右とほとんど同じ決定境界になっています。SMLR でも SVM でも、特徴量が多いときはハイパーパラメータを適切に調整して汎化性能の高い判別モデルにしないと、このような不幸が起きます。Python を使って SVM 判別器を作る簡単なプログラムを付録 A.3 に載せています。

どれを使えば良いの？

これまで具体的な判別モデルとして SMLR と SVM を紹介しました。でも、結局のところ、どっちを使うのが良いのでしょうか？ そもそも本書では触れませんでしたが、他にも決定木・ランダムフォレスト、ニューラルネットワークなど、様々な判別モデルが知られています。それらのうち、手元の

データに対してどれを使うべきなのでしょうか？

この問いに対する「常に必ずこれが最良」という明確な答えはありません。特徴量空間の中で滑らかな決定境界が好ましければ、決定木やランダムフォレストと比べて、SMLR や SVM は良い選択肢でしょう。SMLR の例 (図 6.6) と SVM の例 (図 6.8) を比べると、このデータの場合は SVM の方がやや複雑な決定境界になっています。ただ、それぞれの最良モデルの ROC-AUC は、どちらもほぼ 0.89 になります。したがって、モデルの性能に大きな差はありません。このとき、どちらの決定境界が好ましいかは、データの背景にある知識に依存します。決定木・ランダムフォレストは比較的計算量が少ない手法として知られます。また、画像の判別のような高次元の問題で、教師データが十分に多ければ、ニューラルネットワークは有効でしょう (第 8 章参照)。

いずれにせよ、データを上手に可視化して、事前によく吟味すること、そして、過適合を避けて汎化性能でモデルを評価することは、あらゆる手法で重要です。

6.5　実践例：津波堆積物

津波の恐ろしさは言うまでもありません。いざ地震が起こったとき、津波が到達する場所があらかじめわかっていれば防災に役立ちます。そのような研究には様々なアプローチがありますが、過去の津波の痕跡は貴重な手がかりになるでしょう。本節では、津波による堆積物と、通常の岩石・土壌を、元素含有量を使って地球化学的に判別する研究を紹介します。[33]

この研究では岩手・宮城・福島で採取した 2011 年の東北沖津波堆積物 129 サンプルと、同地域で取得した通常の岩石・土壌 75 サンプルを使っています。これらのサンプルそれぞれについて、18 元素 (Na、Mg、Al、Si、K、Ca、Ti、Mn、Fe、V、Cr、Ni、Sb、Cu、Zn、As、Cd、Pb) の含有量が測定できます。$N = 129 + 75 = 204$ 個の教師データを、$M = 18$ の特徴量ベクトルで判別する問題を考えます。

従来は地球化学的な観点から有用と考えられる少数の元素を解析者が判断して、岩石の判別に使ってきました。使う特徴量が 2 つや 3 つのように少数

なら、散布図を描いて、容易に目で確認できます。ただ、特徴量として使える元素含有量のデータは他にもあり、それらを使って、より良い判別器ができる可能性もあります。もちろん、逆に、過適合な判別器になるだけかもしれません。

そこで、18 個の元素含有量の全ての組み合わせ、つまり $2^{18} - 1 = 262,143$ 通りの判別モデルを構築し、モデルの正解率を交差検証で評価します。判別モデルには線形の SVM が使われています。SVM と交差検証を用いた、判別に有効な変数の組み合わせの探査がこの研究の目的です。SVM を用いているので本節の実践例としていますが、前節のスパースモデリングの考え方とも強く関わっています。

図 6.9 と図 6.10 が結果です。従来法のように、3 つの元素 [Mg、Si、Ca] だけを用いたモデル (図 6.9 左上) の正解率が 91.2% なのに対して、11 個の組み合わせ [Al、Ca、Ti、Mn、Cr、Sb、Cu、Zn、As、Cd、Pb]、もしくは、これに Mg を加えた 12 個の組み合わせを用いたモデル (図 6.9 右上) では、正解率が 100% に達する、つまり、完全分離可能だとわかりました。また、18 個全て使ったモデル (図 6.9 左下) の正解率は 95.6% で、最良にはなりません。これは過適合が起こっていると解釈できます。

正解率 100% という数値は強いインパクトを与えます。しかし、この研究では、その 11 個の元素が特別な組み合わせだとは考えません。交差検証でモデルを評価しているとはいえ、元来限られたサンプルを用いた結果です。未知のサンプルに対しては過適合なモデルになっているかもしれません。

そこで、全 $2^{18} - 1$ 組のうち、正解率で上位 50 組のモデルをよく見てみましょう (図 6.10)。すると、ほとんどの元素は上位 50 組のモデルに使われたり、使われなかったりするのに対し、Ca、Cr、Cd、Pb は常に使われています。したがって、少なくともこれら 4 つの元素は判別に有効だと考えられます。

「ここで用いたデータセットではこれら 4 つの元素が選ばれましたが、他の津波堆積物では別のものが選ばれる可能性が高いと考えています。一般化できる知見を得るためには今後の解析を積み上げる必要があります」と、当時、この研究をリードした JAMSTEC の桑谷立氏は話します。「一方で、判別に使用する元素を研究者が主観的に決めるのではなく、データから客観的

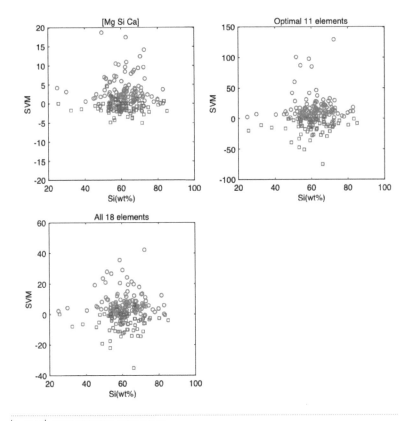

|図 6.9| **SVM 判別関数の値の分布**

横軸は Si の含有量。赤点が津波堆積物のサンプル、青点が通常の岩石・土壌サンプル。左上が従来法を模した [Mg、Si、Ca] の組み合わせ、右上が最良モデルの 11 元素の組み合わせ、左下が全 18 元素を用いたモデル。正解率は順に、91.2%、100%、95.6%。(図は桑谷立氏提供)

に、津波堆積物を特徴づける元素の組み合わせを選択できたことは、この研究の大きな成果でした」

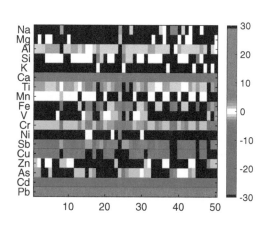

|図 6.10|SVM の係数 w のカラーマップ

元素ごとに、正解率の上位 50 モデルを示している。係数が正なら赤色、負なら青色、ゼロに近いと白色で示している。黒色はその元素がモデルに使われていないことを意味する。例えば、左端が正解率が最も高い (100%) モデルで、11 元素を用いている。(図は桑谷立氏提供)

ガウス過程

7.1　頭の良いデータの取り方

時間がかかる測定

　この原稿を書いている背後から「いや、1500 足りひん」という声が聞こえてきます。ここは私たちの東広島天文台。開所から 15 年が経ち、口径 1.5 m の望遠鏡「かなた」(図 7.1 左) の制御系周りが古くなってきたので、モーターなどを新しいものに交換しているところです。望遠鏡から制御室に引いてきたケーブルが少し短くて、業者さんが困っているようです。

　1 ヵ月かかる制御系更新作業の最後には、望遠鏡の副鏡を最適な位置に調整する作業が待っています。かなた望遠鏡は口径 1.5 m の主鏡で星からやってきた光を反射し、望遠鏡の筒先に内向きに付いている副鏡で再度反射して、主鏡の背後で焦点を結びます。副鏡は前後 (z 軸) 方向の出し入れで焦点を調整できますが、そもそも上下左右 (xy 軸) 方向に最適な位置に置かないと、焦点面でも星の像が大きくなってしまいます。

　副鏡位置の調整は実際に星の光を望遠鏡に入れて行います。図 7.1 のような穴の開いた板「ハルトマン板」を望遠鏡の筒先に取り付け、焦点位置の前後で撮影すると、穴を通り抜けた光線が作る「スポット」が写ります。焦点を挟んだ 2 枚の画像に写ったスポットを内挿し、最も光線が収束する場所でのばらつきが結像性能の指標、「ハルトマン定数」です。このような光学系の性能評価を「ハルトマンテスト」と呼びます。

　実際の作業手順は以下の通りです。まず、望遠鏡を明るい星に向け、適当な (x, y) の位置に副鏡を移動します。次に、CCD カメラが焦点の手前に来

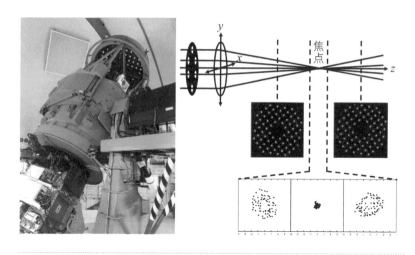

|図7.1|　広島大学かなた望遠鏡の光学調整

左：調整用の「ハルトマン板」を筒先に取り付けたかなた望遠鏡。右：ハルトマンテストの模式図。焦点の前後で画像を撮り、焦点位置での光線のばらつきが最小になるように、副鏡 xy の位置を調整する。(画像は中岡竜也氏提供)

るよう副鏡を z 軸方向に動かして、画像を撮ります。その後、焦点を挟んだ逆の位置で、再度、画像を撮ります。得られた 2 つの画像に写ったスポットの重心位置を計算し、最後に、それらを内挿してハルトマン定数を計算します。この手順を様々な (x, y) で繰り返して、ハルトマン定数が最小になる副鏡位置を探します。

　この作業、短くても 1 サイクルに数分かかります。可能な範囲の (x, y) 全てのハルトマン定数を調べると、なかなかの時間がかかります。作業の途中で曇ってきたりすると、著しくやる気がなくなります。もうちょっと手短に、なんとかならないでしょうか？

次にどこを測定すれば良いのか？

　これを、光線のハルトマン定数 S が最小になる副鏡位置をなるべく少ない測定から効率的に探す問題と考えましょう。(x, y) の 2 次元だと作図が難しいので、まずは x の 1 次元だけで図 7.2 に問題を模式的に表します。最初の

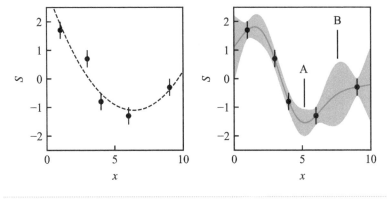

入力1次元のガウス過程回帰の例

左：データと最適な2次曲線。右：ガウス過程回帰の結果。位置 A は不定性込みで S が最小になる x を、位置 B は不定性が最も大きい x をそれぞれ表す。

5点は頑張ってデータを取ったとして (図7.2左)、そのデータから S が最小となる x が推定できるでしょうか? 関数形 $S(x)$ がわかっていれば、本書でこれまでに扱った回帰の問題と同じです。しかし、ここでは $S(x)$ はわからないものとしましょう。

データを取った x の範囲が S 最小とする $x_{\min}$ のごく近くならば、2次関数 $S(x) = \beta_0 + \beta_1 x + \beta_2 x^2$ を当てはめても良いかもしれません (図7.2左の破線)。しかし、その仮定が適切な状況なのか、なんの保証もない場合もあるでしょう。そうすると、もう $x_{\min}$ を 正しく推定するのは不可能です。データもないし、その生成モデルもわからない、ではお手上げです。

正しく推定するのは諦めて、それでも何かしら、次に測定すべき位置の手がかりはないでしょうか。そこで、本章で扱う**ガウス過程** (Gaussian Process: GP) の出番です。詳しくは次節で説明するとして、図7.2右が5つのデータに対してガウス過程回帰した結果です。灰色の領域は推定の不定性を表しています。データの近くでは不定性は小さいですが、データから離れた x では不定性が大きくなっています。直感的にも理解しやすい結果です。

このような結果が得られれば、それを手がかりに次に測定すべき位置 x を決められます。最小値を探すなら、不定性まで含めて S が最小になる図中の

位置 A を次に測れば良いでしょう。そうして得た新たなデータを含めて再度ガウス過程回帰すれば、さらに次の測定すべき位置がわかります。このようにして目的関数 S を最小化・最大化する x を調べる方法は**ベイズ最適化** (Bayesian optimization) と呼ばれます。また、最小値・最大値だけではなく、関数形 $S(x)$ 全体を知りたいなら、不定性が大きい位置 B を次に測れば良いでしょう。これを繰り返せば、少ない測定から $S(x)$ の代替モデルが作れます。

いずれも、端から全ての x でデータを取るよりは効率の良い測定方法です。実際は、説明変数 x が 1 次元や 2 次元なら、全ての位置で測定できて、その方が確実な結果が得られるかもしれません。しかし、x がそれ以上の高次元に、つまり、調整すべきパラメータが 3 つ、4 つ、5 つ、と増えると、全探索は不可能です。そのときこそ、この手法は真価を発揮します。本書ではこれまで様々な手法をデータが取れたあとの解析手法として紹介してきました。ここで紹介したように、データを取得する段階にも使えるのが、ベイズ最適化の面白い点です。

ハルトマン定数を測定して、望遠鏡の副鏡位置を決める

さて、本節を書いている間に望遠鏡の準備ができたので、かなた望遠鏡の副鏡位置を調整しましょう。最初に (x, y) の 5 ヵ所でハルトマン定数を測り、次に測定する位置 (x, y) をガウス過程回帰の結果から決めます。

図 7.3 では横軸・縦軸が副鏡の xy 座標で、色がガウス過程回帰して得たハルトマン定数のモデルを表しています。それぞれ、左のパネルはガウス過程回帰で得られたハルトマン定数の予測値、すなわち、図 7.2 右の実線に対応します。右のパネルは不定性まで含めた下限値、すなわち、図 7.2 右の灰色領域の下端に対応します。これが最小になる位置 (x, y) を次に測定します。

図 7.3 の左上 (5th) が最初の 5 ヵ所のデータから得られた結果です。6 番目として下限値で最小となる水色の位置を測定し、その結果が図の右上 (6th) に示され、さらに 7 番目として新たな水色の位置を計測します。これを続けて、計 10 回の測定でハルトマン定数が最小となる副鏡位置が決まりました。全ての位置を探索するよりも速く作業が終わり、勘で探すよりも信頼できる結果が得られました。

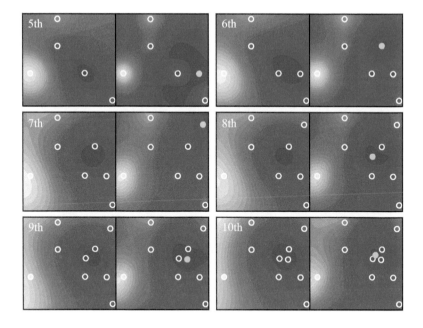

ガウス過程を用いた最適な副鏡位置の探索

縦軸・横軸は副鏡の (x, y) 位置。各パネルの左がガウス過程回帰で推定したハルトマン定数 (S) のモデルで、右が次の測定箇所を決めるための、不定性の下限値。最初に 5 点観測した (左上、5th) あとに、ガウス過程回帰の結果に従って、次の測定箇所 (水色の点) を決める。10 点観測した時点でほぼ収束している。

　本章ではガウス過程とその応用を紹介します。「直線当てはめ」のようなこれまでの回帰の問題とは違い、ガウス過程をデータに当てはめる作業は具体的な関数の形が見えにくいのが難点です。しかし、モデルが確率分布で表されることに変わりはないので、尤度は楽に手に入ります。まずは数理的な基本を見ていきましょう。

7.2　ガウス過程の数理

ガウス過程とカーネル

　説明変数 x と関数 $f(x)$ を考えます。N 組の x があり、$f = (f(x_1),$ $f(x_2), \cdots , f(x_N))$ とします。この N 次元ベクトル f が N 次元正規分布 $\mathcal{N}(\mu, K)$ に従うとき、このモデルをガウス過程と呼びます。分散共分散行列 K の要素が x の関数です。

　この言い回しからモデルを直感的に理解するのは難しいかもしれません。可視化しやすい低い次元、かつ、イメージしやすい時系列データでガウス過程の例を考えてみましょう。図 7.4 左に、とある 3 次元正規分布の確率密度が描かれています。この確率分布から 1 つサンプリングして、図中の黒点 (f_1, f_2, f_3) が得られました。図 7.4 右は時系列データを示しています。ガウス過程では、時刻 (t_1, t_2, t_3) でのデータが (f_1, f_2, f_3) に相当すると考えます。時刻 t_1 は t_2 と近いので、これらの時刻で f は近い値をとるはずです。それは f_1 と f_2 の強い相関を意味し、3×3 の行列 K の要素 k_{12} が大きい

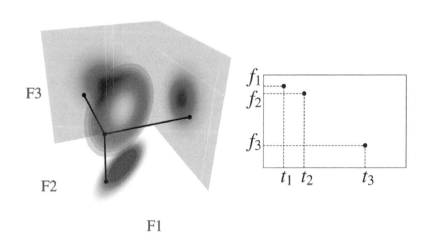

|図 7.4|左：3 次元ガウス分布／右：3 点の時系列データ
ガウス過程ではガウス分布のサンプルを右図のようなデータとみなす。

モデルで表現できます。逆に、t_3 は t_1 から離れているので、f_3 は f_1 にあまり影響を受けないと考えられ、小さな k_{13} のモデルが適切です。

ガウス過程では N 個のデータに対して N 次元正規分布を考えるので、分散共分散行列に含まれる N 個の分散と $N(N-1)/2$ 個の共分散をモデルパラメータとして設定しないといけません。しかしそれではデータが増えるほど調整すべきパラメータも増えて、一般的に、たくさんの量を適切に決めるのは大変です。

そこで、前章の判別モデルと同様、共分散行列の各要素に説明変数間の類似度、つまり、カーネル関数を用います。行列 $\boldsymbol{K}$ の要素 k_{ij} をカーネル関数を用いて $k_{ij} = k(\boldsymbol{x}_i, \boldsymbol{x}_j)$ とするのです。カーネル関数 $k(\boldsymbol{x}_i, \boldsymbol{x}_j)$ には数個のパラメータが含まれており、ガウス過程回帰は N 個のデータからそれら少数のカーネルパラメータを推定する問題です。なお、平均ベクトル $\boldsymbol{\mu}$ はデータの平均値をあらかじめ差し引いて $\boldsymbol{\mu} = \boldsymbol{0}$ とするのが簡単なので、以降ではそのように扱います。

ガウス過程でよく使われるカーネル関数を以下に列挙し、図 7.5 に例を示します。

RBF カーネル $k(\boldsymbol{x}_i, \boldsymbol{x}_j) = \theta_1 \exp \left\{ -\frac{\|\boldsymbol{x}_i - \boldsymbol{x}_j\|_2^2}{\theta_2} \right\}$：前章「判別モデル」で非線形な決定境界を構築するために登場した、別名、ガウスカーネルです。

指数カーネル $k(\boldsymbol{x}_i, \boldsymbol{x}_j) = \theta_1 \exp \left\{ -\frac{\|\boldsymbol{x}_i - \boldsymbol{x}_j\|_2}{\theta_2} \right\}$：距離の 2 乗ではなく、1 乗を使っています。このカーネルを用いたガウス過程は物理分野で damped random walk モデル、もしくは、オルンシュタイン・ウーレンベック (OU) 過程、と呼ばれるモデルと数理的に等価です。これらは平均ゼロの連続的な時間の関数 $f(t)$ の微分方程式

$$df(t) = -\frac{f(t)}{\tau}dt + \sigma \varepsilon(t) \tag{7.1}$$

で表されます。ここで、$\varepsilon(t)$ はホワイトノイズを表し、通常は標準正規分布が使われます。現在の状態から次の状態へ σ だけランダムに動いて、タイムスケール τ で平均値 $f = 0$ に戻るイメージです。上記のカーネル関数とは $\theta_1 = \tau \sigma^2/2$、$\theta_2 = \tau$ の関係にあります。このモデルでは、ある時刻から次の時刻に状態 f が移る「過程」が正規分布のような確率

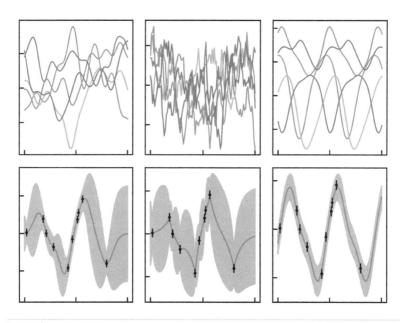

図7.5 様々なカーネル関数の例

RBF カーネル (左)、指数カーネル (中央)、周期カーネル (右) のサンプル (上段) と、同じデータに対してそれぞれのカーネルでガウス過程回帰した結果 (下段)。いずれも横軸は 1 次元の説明変数 x。上段のサンプルの生成に用いたカーネルパラメータは下段の回帰で得られたものを使っている。

$\varepsilon(t)$ で表されています。このことから、時刻 t を一般的な多次元変数 $\boldsymbol{x}$ へ拡張した同様のモデルも「過程」の名を継承しています。指数カーネルを用いたガウス過程は統計学で古くから使われる 1 次の自己回帰モデルとも等価です。

周期カーネル $k(\boldsymbol{x}_i, \boldsymbol{x}_j) = \theta_1 \exp\left\{-\theta_2 \cos\frac{\|\boldsymbol{x}_i - \boldsymbol{x}_j\|_2}{\theta_3}\right\}$：周期性があるデータに使われます。

線形カーネル $k(\boldsymbol{x}_i, \boldsymbol{x}_j) = \theta_1 \boldsymbol{x}_i^T \boldsymbol{x}_j$：線形回帰に対応するカーネルです。

これらの他にも、RBF カーネルを一般化して、関数の滑らかさも制御できる **Matérn カーネル** (Matérn kernel: マターンカーネル) など、データに応じて様々なカーネル関数が使われます。

　M 次元説明変数空間での距離 $\|\boldsymbol{x}_i - \boldsymbol{x}_j\|_2$ を含むカーネル関数を用いると、全ての説明変数が平等に扱われます。もし、説明変数の中に本来は不要なものが紛れていれば、全ての変数を平等に扱うと、モデルの汎化性能が落ちてしまうかもしれません。そこで、例えば RBF カーネルなら、以下の拡張されたカーネル関数が考えられます。

$$k(\boldsymbol{x}_i, \boldsymbol{x}_j) = \theta_0 \exp \left\{ -\sum_m \frac{(x_{im} - x_{jm})^2}{\theta_m} \right\} \tag{7.2}$$

添字 m は M 次元説明変数ベクトルのインデックスを表します。変数ごとに異なる分散を使うので、不要な変数のモデルへの寄与を制御できます。このようなカーネルは**関連度自動決定** (automatic relevance determination: ARD) カーネルと呼ばれます。

　カーネル関数はなんでも良いわけではありません。$k(\boldsymbol{x}_i, \boldsymbol{x}_j)$ を要素とする行列 $\boldsymbol{K}$ が分散共分散行列になるために、$\boldsymbol{K}$ は半正定値行列でなければなりません。上記のカーネル関数の例はいずれもその条件を満たしています。また、条件を満たすカーネル関数の和や積をカーネル関数とする新しい行列 $\boldsymbol{K}$ も条件を満たします。上記の線形カーネルは、それだけを使うならガウス過程回帰よりも素直に線形回帰した方が良いですが、他のカーネルとの組み合わせで多様なカーネルを作れます。例えば、$k(\boldsymbol{x}_i, \boldsymbol{x}_j) = \theta_1 \boldsymbol{x}_i^T \boldsymbol{x}_j + \theta_2 \exp \left\{ -\frac{\|\boldsymbol{x}_i - \boldsymbol{x}_j\|_2}{\theta_3} \right\}$ というカーネルで、「線形トレンド + OU 過程」というモデルが表現できます。

　本節では N 次元正規分布の分散共分散行列の要素としてカーネル関数を導入しましたが、第 6 章と同様、説明変数 $\boldsymbol{x}$ の非線形変換 $\boldsymbol{\phi}(\boldsymbol{x})$ を使った線形モデルからも導入できます。関数 $f(\boldsymbol{x}) = \boldsymbol{w}^T \boldsymbol{\phi}(\boldsymbol{x})$ を考えましょう。関数 ϕ は M 種類あって、$\boldsymbol{\phi}(\boldsymbol{x}) = (\phi_1(\boldsymbol{x}), \phi_2(\boldsymbol{x}), \cdots, \phi_M(\boldsymbol{x}))$ です。N 個の f、すなわち、$\boldsymbol{f} = (f_1, f_2, \cdots, f_N)$ とすると、$\boldsymbol{f} = \boldsymbol{\Phi}\boldsymbol{w}$ と表せます。行列 $\boldsymbol{\Phi}$ の要素は $\Phi_{ij} = \phi_j(\boldsymbol{x}_i)$ です。

　ここで、係数 $\boldsymbol{w}$ の事前分布に正規分布、すなわち、$p(\boldsymbol{w}) = \mathcal{N}(\boldsymbol{0}, \sigma^2 \boldsymbol{I})$ を設定します。$\boldsymbol{I}$ は単位行列です。行列 $\boldsymbol{\Phi}$ の要素は説明変数 $\boldsymbol{x}$ が与えられれば値が定まるので、そうすると、$\boldsymbol{f}$ は正規分布に従う変数 $\boldsymbol{w}$ に定数を掛けて足し合わせたものであり、やはり正規分布に従います。$\boldsymbol{f}$ が従う N 次元正規分布の平均と分散共分散行列は期待値を計算して、以下のように求まります。

$$E(\boldsymbol{f}) = \boldsymbol{\Phi}E(\boldsymbol{w}) = \boldsymbol{0} \tag{7.3}$$

$$E[(\boldsymbol{f} - E(\boldsymbol{f}))(\boldsymbol{f} - E(\boldsymbol{f}))^T] = E(\boldsymbol{f}\boldsymbol{f}^T) \tag{7.4}$$

$$= \boldsymbol{\Phi}E(\boldsymbol{w}\boldsymbol{w}^T)\boldsymbol{\Phi}^T = \sigma^2\boldsymbol{\Phi}\boldsymbol{\Phi}^T = \boldsymbol{K} \tag{7.5}$$

ここで分散共分散行列 $\boldsymbol{K}$ の要素は

$$K_{pq} = \sigma^2\boldsymbol{\phi}(\boldsymbol{x}_p)^T\boldsymbol{\phi}(\boldsymbol{x}_q) = k(\boldsymbol{x}_p, \boldsymbol{x}_q) \tag{7.6}$$

です。したがって、$\boldsymbol{f}$ は $p(\boldsymbol{f}) = \mathcal{N}(\boldsymbol{0}, \boldsymbol{K})$ のガウス過程で表されます。式 (7.6) を見ると、分散共分散行列の要素が $\boldsymbol{\phi}$ の内積で与えられています。そこで第 6 章同様、$\boldsymbol{\phi}$ そのものを与えるのではなく、その内積をカーネル関数 $k(\boldsymbol{x}_p, \boldsymbol{x}_q)$ で置き換えるのです。

　ここで面白いのは、モデルパラメータであったはずの M 次元ベクトル $\boldsymbol{w}$ が、期待値をとる操作によって消えてしまい、数個のカーネルパラメータに置き換わったことです。$\boldsymbol{f}$ の次元はいくらでも大きくできるので、ガウス過程は無限次元の正規分布といえます。

ガウス過程回帰と予測

　さて、ではガウス過程をデータに当てはめるにはどうすれば良いでしょうか? このモデルには調整可能なカーネルパラメータがあるので、データにそれらを最適化しないといけません。さらに、その最適化されたモデルを使って、どのように任意の $\boldsymbol{x}$ での $\boldsymbol{f}$ を予測すれば良いのでしょうか?

　回帰すべきデータ $\boldsymbol{y}$ は説明変数 $\boldsymbol{x}$ の関数である $\boldsymbol{f}$ に正規ノイズ $\varepsilon \sim \mathcal{N}(0, \sigma^2\boldsymbol{I})$ が加わって生成されると考えます。そして、$\boldsymbol{f}$ の事前分布を設定できれば、ベイズの問題として記述できます。ガウス過程は確率過程なので、それをこの事前分布として用いると、尤度関数 $p(\boldsymbol{y}|\boldsymbol{f})$ と事前分布 $p(\boldsymbol{f})$ が以下で与えられます。

$$p(\boldsymbol{y}|\boldsymbol{f}) = \mathcal{N}(\boldsymbol{f}, \sigma^2\boldsymbol{I}) \tag{7.7}$$

$$p(\boldsymbol{f}) = \mathcal{N}(\boldsymbol{0}, \boldsymbol{K}) \tag{7.8}$$

今はデータに最適なカーネルパラメータの推定を優先して、$\boldsymbol{f}$ 方向は周辺化

(3.2 節参照) してしまいましょう。

$$p(\boldsymbol{y}) = \int p(\boldsymbol{y}|\boldsymbol{f})p(\boldsymbol{f})d\boldsymbol{f} \tag{7.9}$$

$$= \mathcal{N}(\boldsymbol{0}, \boldsymbol{C}) = \frac{1}{\sqrt{(2\pi)^N|\boldsymbol{C}|}} \exp\left\{-\frac{1}{2}\boldsymbol{y}^T\boldsymbol{C}^{-1}\boldsymbol{y}\right\} \tag{7.10}$$

このように、尤度関数も事前分布も正規分布なので、正規分布の性質から、$\boldsymbol{C} = \boldsymbol{K} + \sigma^2 \boldsymbol{I}$ とまとめられます。したがって、$\boldsymbol{y}$ は分散共分散行列 $\boldsymbol{C}$ をもつガウス過程のサンプルとみなせます。ガウス過程に正規ノイズ (ガウスノイズ) が加わっても、やはりガウス過程になるのは面白い性質であり、様々な計算が簡単になる大きな利点でもあります。

周辺尤度である式 (7.10)、もしくはその対数である

$$\log p(\boldsymbol{y}) = -\frac{N}{2}\log(2\pi) - \frac{1}{2}\log|\boldsymbol{C}| - \frac{1}{2}\boldsymbol{y}^T\boldsymbol{C}^{-1}\boldsymbol{y} \tag{7.11}$$

の最大化で、データに最適なカーネルパラメータを決めます。対数周辺尤度の微分は解析的に計算でき、最適化には勾配法が使えます。しかし残念ながら、一般的にはこの問題は凸にならず、しばしば局所解が現れます。良い結果が得られないときは、カーネルパラメータに適切な事前分布を与えると解決するかもしれません。計算量は増えますが、様々な局所解を知りたいときは、レプリカ交換法によるサンプリングが有効でしょう。

次に、最適化されたモデルを使って、任意の $\boldsymbol{x}_*$ における y_* を予測しましょう。回帰に用いた N 個のデータ $\boldsymbol{y} = (y_1, y_2, \cdots, y_N)$ が与えられたときの、y_* の条件付き確率 $p(y_*|\boldsymbol{y})$ を計算します。

まず、$\boldsymbol{y}$ と y_* の同時確率 $p(\boldsymbol{y}' = (\boldsymbol{y}, y_*))$ は $N+1$ 次元に拡張した $\boldsymbol{y}$ と同じガウス過程に従うので、

$$p(\boldsymbol{y}') = \mathcal{N}(\boldsymbol{0}, \boldsymbol{C}') \tag{7.12}$$

です。ここで、$\boldsymbol{C}'$ は y_* の説明変数 $\boldsymbol{x}_*$ が関わるカーネルを $\boldsymbol{C}$ に加えた行列で、以下のように書けます。

$$\boldsymbol{C}' = \begin{pmatrix} \boldsymbol{C} & \boldsymbol{k}_* \\ \boldsymbol{k}_*^T & c \end{pmatrix} \tag{7.13}$$

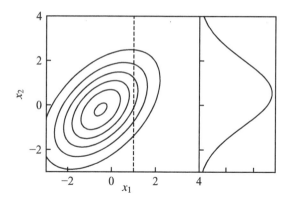

図7.6 | 2次元正規分布の条件付き分布の例

2次元正規分布を $x_1 = 1$ に固定したとき、x_2 の分布は1次元の正規分布になる。

$$\boldsymbol{k}_*^T = (k(\boldsymbol{x}_*, \boldsymbol{x}_1), k(\boldsymbol{x}_*, \boldsymbol{x}_2), \cdots, k(\boldsymbol{x}_*, \boldsymbol{x}_N))$$ です。また、$c = k(\boldsymbol{x}_*, \boldsymbol{x}_*)$ です。N 個のデータにガウス過程回帰をしてカーネルパラメータを決め、$\boldsymbol{x}_*$ を与えれば、$\boldsymbol{C}'$ の要素は全て計算できます。

　次に同時確率 $p(\boldsymbol{y}' = (\boldsymbol{y}, y_*))$ から条件付き確率 $p(y_*|\boldsymbol{y})$ を得ます。多変量正規分布でいくつかの変数を固定したとき、残りの変数の分布も多変量正規分布になる性質を使います。図7.6は例として2次元正規分布の場合を描いています。2つある変数のうち、1つの変数 (x_1) を固定すれば、もう1つの変数 (x_2) の分布は図7.6右のような正規分布になります。一般的には、N 次元正規分布に従う $\boldsymbol{y}$ のうち、M 組 $\boldsymbol{y}^{(1)} = (y(\boldsymbol{x}_1), y(\boldsymbol{x}_2), \cdots, y(\boldsymbol{x}_M))$ が与えられた条件のもとでの、残りの $N - M$ 個の $\boldsymbol{y}^{(2)}$ の分布は $N - M$ 次元正規分布になります。M 個分の分散共分散行列を $\boldsymbol{\Sigma}_{11}$、残りの行列を $\boldsymbol{\Sigma}_{22}$、互いの共分散成分を $\boldsymbol{\Sigma}_{12}$ のように書き、

$$\begin{pmatrix} \boldsymbol{y}^{(1)} \\ \boldsymbol{y}^{(2)} \end{pmatrix} \sim \mathcal{N}\left(\begin{pmatrix} \boldsymbol{\mu}^{(1)} \\ \boldsymbol{\mu}^{(2)} \end{pmatrix}, \begin{pmatrix} \boldsymbol{\Sigma}_{11} & \boldsymbol{\Sigma}_{12} \\ \boldsymbol{\Sigma}_{21} & \boldsymbol{\Sigma}_{22} \end{pmatrix} \right) \tag{7.14}$$

であるとき、$\boldsymbol{y}^{(1)}$ が与えられたもとでの $\boldsymbol{y}^{(2)}$ の条件付き確率は、以下で表されます。

$$p(\boldsymbol{y}^{(2)}|\boldsymbol{y}^{(1)}) = \mathcal{N}(\boldsymbol{\mu}^{(2)} + \boldsymbol{\Sigma}_{21}\boldsymbol{\Sigma}_{11}^{-1}(\boldsymbol{y}^{(1)} - \boldsymbol{\mu}^{(1)}), \boldsymbol{\Sigma}_{22} - \boldsymbol{\Sigma}_{21}\boldsymbol{\Sigma}_{11}^{-1}\boldsymbol{\Sigma}_{12})$$
$$\tag{7.15}$$

式 (7.13) と (7.15) を使い、平均ベクトルをゼロにすれば、ガウス過程による予測 $p(y_*|\boldsymbol{y})$ が以下のように与えられます。

$$p(y_*|\boldsymbol{y}) = \mathcal{N}(\boldsymbol{k}_*^T\boldsymbol{C}^{-1}\boldsymbol{y}, c - \boldsymbol{k}_*^T\boldsymbol{C}^{-1}\boldsymbol{k}_*) \tag{7.16}$$

つまり、新たな $\boldsymbol{x}_*$ での y_* は平均 $\mu_* = \boldsymbol{k}_*^T\boldsymbol{C}^{-1}\boldsymbol{y}$、分散 $\sigma_*^2 = c - \boldsymbol{k}_*^T\boldsymbol{C}^{-1}\boldsymbol{k}_*$ の正規分布に従います。

図 7.5 下段は、同じデータを異なるカーネルでガウス過程回帰した結果です。各 x に対する分布の平均 μ を繋いだものが実線で、分布の 95% 信用区間を灰色で表しています。ガウス過程回帰をベイズの問題として考えると、図 7.5 上段が事前分布からのサンプル、下段が事後分布に対応します。データに対して適切なカーネルは、データの背後にある事前知識によって選択します。1 次元ガウス過程回帰の簡単な Python プログラムを付録 A.4 に載せています。

前節の図 7.3 は説明変数が 2 つあるガウス過程回帰の例です。各パネルの左がモデルの平均値を、右が 95%信用区間の下限を、それぞれ色で表現しています。可視化は難しくなりますが、もちろんより高次元の $\boldsymbol{x}$ でも同様に推定できます。

ガウス過程のメリットの 1 つは計算の軽さです。式 (7.16) からわかるように、予測のためには逆行列 $\boldsymbol{C}^{-1}$ を 1 回計算してしまえば、あとは N 次元のベクトルと行列の掛け算だけです。逆に、データの数 N が膨大になると逆行列の計算が難しくなります。ただ、この問題を回避するための近似計算法も提案されています。また、ガウス過程は回帰問題の他に、判別問題にも使えます。詳しくはより専門的な文献をご覧ください。[34]

7.3 実践例1：天体の不規則な光度変化

強い X 線を放つはくちょう座の天体がどうやらブラックホールらしいとわかった 1970 年代後半、その X 線の光度が不規則に変動していることもすぐ

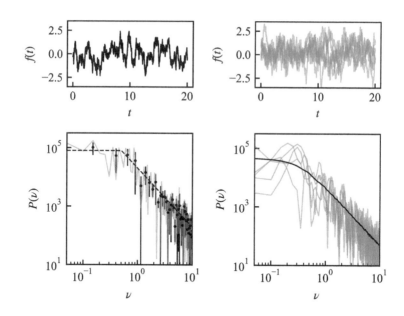

図7.7 ブラックホール X 線連星の光度変化と OU 過程

左上・左下：ブラックホール X 線連星の光度変化と、そのパワースペクトルの模式図。
黒点はパワースペクトルを 5 点ずつ平均した値と標準偏差を示している。パワースペ
クトルに点線のような関数を当てはめて、傾きや折れ曲がりの周波数が調べられる。右
上・右下：OU 過程のサンプルと、そのパワースペクトル。実線は多数のサンプルの平
均パワースペクトル。

に認識されました。5.5 節で紹介した EHT のような特別な観測をしない限
り、遠くにあるブラックホール近くの構造を直接見ることはできません。観
測される不規則な変動はブラックホール近くの出来事を理解するための、貴
重な情報をもっているはずです。

　5.4 節のように天体の明るさの時間変化が複数の周期の重ね合わせで表せ
る場合は、その周期が天体を特徴づけます。しかし、時間変化が不規則な場
合はそれほど単純ではないでしょう。それでも、とりあえずパワースペクト
ルの解析は基本です。ブラックホールと通常の恒星からなる連星系を観測し
て得られる光度の時系列データとパワースペクトルの模式図を図 7.7 左に示
します。高周波数側は $P(\nu) \propto \nu^{-2}$ でパワーが減衰し、低周波数側では傾き

が緩やかになります。

　ブラックホールの研究では図 7.7 左下のようなパワースペクトルに、両対数のグラフ上では直線になる $P(\nu) \propto \nu^{-p}$ や、折れ曲がりのある直線などを当てはめて、得られた p などのパラメータで天体が特徴づけられます。時系列データのサンプリングが非等間隔なときは、5.4 節でも述べたように、真のパワースペクトルにサンプリングパターン (窓関数) のパワースペクトルが畳み込まれて問題になるかもしれません。また、実際のパワースペクトルの解析では周波数方向に数点ずつ平均 (ビニング) することがあり (図 7.7 左下の黒点)、その操作の結果への影響や、推定値の不定性の評価などが複雑になります。

　指数カーネルのガウス過程、すなわち OU 過程は、低周波側で $P(\nu) =$ 一定、高周波側で $P(\nu) \propto \nu^{-2}$ となる平均パワースペクトルを示します (図 7.7 右)。データのパワースペクトルがその特徴と矛盾なければ、時間領域での OU 過程回帰によって、2 つのパラメータ、すなわち、現象のタイムスケールと変動の大きさ、が天体を特徴づける量として得られます。時間領域で回帰できれば、パワースペクトルを扱う際のエイリアスやスペクトル漏れの問題は軽減されます。OU 過程は確率過程として最も単純なモデルの 1 つなので、より複雑な構造をもつパワースペクトルに対しては、より複雑なモデルを使いましょう。

　図 7.8 は活動銀河核ジェットの光度変動に対して OU 過程回帰した結果です。[35] ジェットもブラックホール近傍からの X 線と同様、不規則に変動します。この解析ではカーネルパラメータの分布を HMC (4.3 節) で推定しました。パラメータの無情報事前分布として一様分布を使っています。式 (7.7)の正規ノイズの分散 σ^2 は測定誤差を 2 乗したものに固定しました。図 7.8 左は推定に成功した例です。変動の大きさを表すカーネルパラメータ θ_1 とタイムスケールを表すパラメータ θ_2 について単峰の事後分布が得られています。両者は強く相関していることも同時分布からわかります。一方、図 7.8 右は MCMC が収束せず、推定に失敗した例です。特に変動のタイムスケール θ_2 がとても大きな値まで発散しています。低周波数側で本来パワーが一定になる領域が、観測されたパワースペクトルにないため、タイムスケールが制約できない状態と解釈できます。

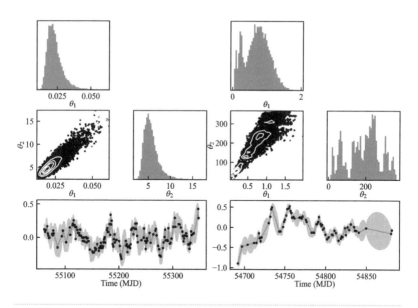

図7.8 活動銀河核ジェットの可視光での光度変動 (下) を OU 過程回帰した結果

カーネル関数 $\theta_1 \exp(-|t_i - t_j|/\theta_2)$ のパラメータ (θ_1, θ_2) の事後分布をコーナープロットで表示している。左が推定に成功した例で、右が失敗した例。

　ガウス過程は、本節で紹介したような、カーネルパラメータそのものの推定よりも、次節以降で紹介するような、関数 $f(\boldsymbol{x})$ の内挿を目的によく使われます。図7.8右のようなカーネルパラメータが決まらないときでも、多数存在する MAP 解であれば $f(\boldsymbol{x})$ の予測はいずれもほぼ同じ結果が得られ、頑健です。しかし、カーネルパラメータそのものに意味があるのなら、MCMC などを使った不定性の評価が重要です。

　ガウス過程のような確率過程モデルを応用して、時間変動の定常性も探れます。そもそも、データに確率過程モデルを当てはめたり、パワースペクトルに関数を当てはめたりするとき、そのデータが1つの定常過程で生成されている状況を仮定しています。しかし、図7.9のような天体光度の突発的な上昇が起こったとき、その現象が他の期間と同じ過程で発生したと考えるよりも、非定常な現象が起こったと考える方が自然かもしれません。

　そこで、ある期間を除いた残りの期間のデータにガウス過程回帰をし、得

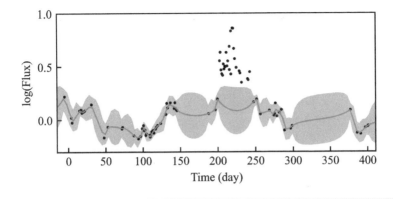

図7.9｜天体光度の変化の定常性を OU 過程回帰を利用して定量化する試み
中央付近の明るい状態を除いたデータで OU 過程回帰を行い、明るい時期のデータをそのモデルで評価する。

られたモデルと除いていた期間のデータを比較して、定常過程からのずれが測れます。交差検証的にこの操作を行って得られる量は、定常性の評価指標と考えて良いでしょう。文献[35] では、この定常性の指標が、ジェットが明るい天体と暗い天体を分類する良い特徴量の1つになると報告しています。

7.4　実践例2：ダークエミュレータ

　ガウス過程を使えば、たとえ真の関数 $f(\boldsymbol{x})$ を知らなくても、少数のデータ $\boldsymbol{y} = (y(\boldsymbol{x}_1), y(\boldsymbol{x}_2), \cdots, y(\boldsymbol{x}_N))$ から $f(\boldsymbol{x})$ の代替モデルが構築できます。実際に測定して $f(\boldsymbol{x})$ を得るよりも代替モデルで予測する方がはるかに速く、十分な精度があるなら、とても便利なツールになるでしょう。

　このような手法は様々な分野で実践されてきました。地球科学において、空間内の複数の位置で測定したデータから測定していない位置のデータを推定する**クリギング** (Kriging) と呼ばれる手法は、ガウス過程を用いています。クリギングは、1950 年代にこの方法で地下の鉱床の分布を調べた統計学者クリッジ (Krige) が由来です。また、数値シミュレーションの分野では、計算コストが高いシミュレーションを全てのパラメータ空間で実行せずに、少数

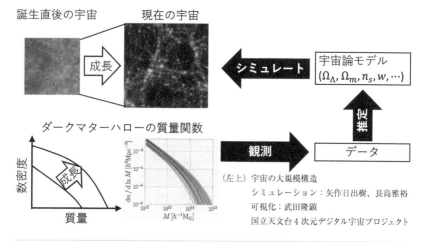

誕生直後の宇宙　　現在の宇宙

成長

シミュレート

宇宙論モデル
$(\Omega_\Lambda, \Omega_m, n_s, w, \cdots)$

推定

ダークマターハローの質量関数

数密度

成長

質量

観測　　　　データ

(左上) 宇宙の大規模構造
シミュレーション：矢作日出樹、長島雅裕
可視化：武田隆顕
国立天文台 4 次元デジタル宇宙プロジェクト

図7.10 宇宙の大規模構造の形成

初期ゆらぎが成長して現在の大規模構造が形成される (左上)。それに伴って、ダークマターハローの質量分布なども変化する (左下)。中央下はある時刻における様々な宇宙論パラメータでシミュレートされた質量分布 (灰色線)。赤線は現在の標準的なモデルとパラメータでのシミュレーション結果。シミュレーション結果と観測されるデータの比較から、宇宙論パラメータを推定する。

のシミュレーション結果から任意のパラメータでの目的変数を推定する**サロゲートモデル** (surrogate model) が使われます。サロゲートモデルの構築にはガウス過程やニューラルネットワークがよく使われます。本節では宇宙論シミュレーションのサロゲートモデル「ダークエミュレータ」の研究を紹介します。[36]

　宇宙には銀河の集団が蜘蛛の巣のように分布しています。蜘蛛の巣の糸の部分にはたくさんの銀河が存在しますが、その間の空間にはほとんど銀河はありません。このような構造は宇宙の大規模構造と呼ばれます。大規模構造は宇宙が生まれた頃にできた密度のゆらぎが成長したものです (図 7.10)。どのように初期ゆらぎが成長するのか、それは宇宙に含まれる通常の物質・ダークマター・ダークエネルギーのそれぞれの割合や、初期ゆらぎの特徴量などの宇宙論パラメータで決まります。宇宙論パラメータを与えて、初期ゆらぎから始まる宇宙の進化を計算機の中でシミュレートできます。

　シミュレートされた宇宙と現実の宇宙との比較から、宇宙論パラメータを推定できるはずです。しかし、初期ゆらぎは確率的に与えられるので、シミュレーションをしても、現在の私たちの宇宙がそっくりそのままには再現されません。そこで、例えば宇宙で質量の主役を担う「ダークマターハロー」について、その質量分布の時間発展を観測データとし、それを再現する宇宙論パラメータを探すアプローチが考えられます。空間分布そのものは再現できないので、空間方向は潰してしまい、質量だけの分布を目的変数にするわけです。これで一般的な最適化問題になりそうです。

　しかし、実際はそう簡単ではありません。宇宙論シミュレーションでは互いに重力で相互作用する 100 億個ほどの粒子の運動を計算します。計算コストが高すぎて、宇宙論パラメータ空間を全探索するのはもちろん、MCMCによる探索も、勾配法による最適化も、現実的ではないのです。

　そこで、サロゲートモデル「ダークエミュレータ」の登場です。いくつかのパラメータの組で実際にシミュレーションを実行し、例えばダークマターハローの質量分布に対してガウス過程でサロゲートモデルを構築すれば、シミュレーションを実行しなくても、任意のパラメータで瞬時に質量分布が手に入ります。

　目的変数は質量分布の時間発展です。宇宙論パラメータ x を 1 組与えると、ある質量 M、ある時刻 t でのダークマターハローの数密度 $n(M, t, x)$ がシミュレーションによって得られます。x を説明変数とすると、あらゆる M と t に対する膨大な数のガウス過程モデルを構築する必要があります。そこで、2 段階のステップで、質量分布の時間発展を少数のパラメータで表現していきます。

　まず、$n(M)$ をよく近似できる関数形は知られているので、その関数に含まれる 2 つのパラメータ (A, a) で $n(M)$ は特徴づけられます。そうすると、目的変数をこのパラメータの時間発展 $d = (A(t_1), a(t_1), A(t_2), a(t_2), \cdots, A(t_N), a(t_N))$ にできます。これで質量 M の方向で大きく次元が落とせます。N を大きくすれば時間方向の分解能が上がります。この研究では $N = 21$ として、d は 42 個の成分をもちます。

　この d は依然として時間 t の方向に強く相関していて、冗長です。そこで次に、d に対して主成分分析を行います。主成分分析は共分散行列の固有値

分解を用いて高次元データを縮約する手法です。まず 80 組の宇宙論パラメータで実際にシミュレーションし、80 個の d_i $(i = 1, 2 \cdots, 80)$ を得ます。そして、主成分分析によって $d_i = \sum_j \alpha_{i,j} e_j$ の形で表します。固有ベクトル e_j は宇宙論モデルには依存しないと考えます。十分な精度が得られる程度の成分数のみを使うことで、時刻 t の方向で次元が落とせます。

　問題を整理しましょう。目的変数は数個の α_j で、説明変数は 6 次元の宇宙論パラメータ x です。80 組の x に対して実際にシミュレーションをして、データ α_j を得ます。このデータに対してガウス過程回帰を行い、α_j それぞれのサロゲートモデルを作ります。α_j のサロゲートモデルを用いて、任意の宇宙論パラメータ x での α_j が得られ、α_j から d が得られ、そして、d からダークマターハローの質量分布の時間発展が得られます。このようにして、質量分布の他にも様々な観測量に対するサロゲートモデルを構築し、それらのモデルがダークエミュレータを構成します。なお、カーネルは RBF カーネル、指数カーネル、Matérn カーネルを試し、交差検証誤差が小さいものを選んで使っています。

　図 7.11 は実際にシミュレーションして得た質量分布 (丸印) と、ダークエミュレータで得た質量分布 (実線) を比較しています。学習に用いた 80 組とは異なる、検証用の 20 組のパラメータを使っています。横軸はダークマターハローの質量です。両者はよく一致しており、ほぼ全ての質量範囲でエミュレータの精度は 5% 以下を達成しています。

　ハワイ島のマウナケア山山頂にある世界最大級の望遠鏡「すばる」。最近、すばる望遠鏡に巨大なカメラ "Hyper Suprime-Cam" が搭載され、宇宙論に関するデータが質・量ともに飛躍的に増加しつつあります。「その新しいデータのおかげで、大規模構造を特徴づける様々な統計量がこれまでにない精度で手に入るようになりました」と、このエミュレータの研究をリードする京都大学の西道啓博氏は語ります。「それらの観測量を宇宙論モデルから計算できるようにするため、ダークエミュレータを開発しています。今は、ガウス過程の代わりにニューラルネットワークも使い、様々な観測量に対してより高い精度のエミュレータを目指しています。」データとモデル、双方の進化が、この分野の新たな時代を拓こうとしています。

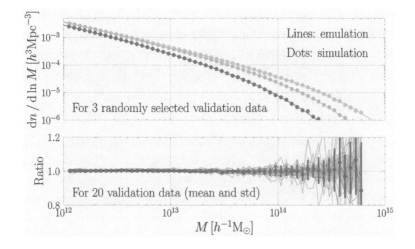

|図7.11| **実際のシミュレーションとダークエミュレータ**
上：実際にシミュレーションして得られた質量分布 (丸印) と、ダークエミュレータから得られた質量分布 (実線)。3組の異なる宇宙論パラメータによる結果を異なる色で表示している。エミュレータが実際のシミュレーション結果をよく再現している。下：両者の比。20組の異なる宇宙論パラメータから得られた結果の平均を示している。ほとんどの質量で 5%以下の精度で両者は一致している。(図は西道啓博氏提供)

7.5　実践例3：自動車エアコン用送風機の設計

　本章の最後はベイズ最適化の例を紹介します。本題の前に、ベイズ最適化についてもう少し説明します。

　7.1節では望遠鏡の光学調整にベイズ最適化を使いました。このとき、予測値の信頼区間の下端が最も小さくなる位置を次の測定箇所に決めました。ベイズ最適化では、今のデータで構築されたモデルから次の測定箇所をどう決めるか、という問題は自明ではありません。7.1節で使用した方法は**信頼下限** (lower confidence bound: LCB) と呼ばれます。任意の x でのモデルの予測値を $\mu(x)$、標準偏差を $\sigma(x)$ として、LCB は $\mathrm{LCB}(x) = \mu(x) - c\sigma(x)$ で与えられます。LCB が最小になる x を次に測定します。c は調整可能なパラメータで、7.1節では 95%信用区間の下端を使いました。

183

LCB($\boldsymbol{x}$) のような、次の測定箇所を決めるために最小化・最大化する関数は**獲得関数** (acquisition function) と呼ばれます。他の獲得関数の例を紹介します。現在のデータの最小値を $y_{\min}$ として、任意の $\boldsymbol{x}$ での y が $y_{\min}$ よりも小さくなる確率、つまり、最小値の**改善確率** (probability of improvement: PI) も獲得関数として使われます。PI は以下で与えられます。

$$\mathrm{PI}(\boldsymbol{x}) = \int_{-\infty}^{y_{\min}} \mathcal{N}(\mu(\boldsymbol{x}), \sigma^2(\boldsymbol{x})) dy \tag{7.17}$$

PI が最大となる $\boldsymbol{x}$ を次に測定します。また、改善量 $y_{\min} - y(\boldsymbol{x})$ の期待値、つまり、**期待改善量** (expected improvement: EI) もよく使われる獲得関数です。ここで、$y(\boldsymbol{x}) \sim \mathcal{N}(\mu(\boldsymbol{x}), \sigma^2(\boldsymbol{x}))$ なので、$y_{\min} - y(\boldsymbol{x}) \sim \mathcal{N}(y_{\min} - \mu(\boldsymbol{x}), \sigma^2(\boldsymbol{x}))$ となるため、EI は以下で与えられます。

$$\mathrm{EI}(\boldsymbol{x}) = \int_{-\infty}^{y_{\min}} (y_{\min} - y(\boldsymbol{x})) \mathcal{N}(y_{\min} - \mu(\boldsymbol{x}), \sigma^2(\boldsymbol{x})) dy \tag{7.18}$$

PI 同様、次の測定位置は EI 最大となる $\boldsymbol{x}$ です。ここでは省略しますが、PI も EI も正規分布の累積分布関数を使って積分を簡単に計算できます。

　では本題に入りましょう。ベイズ最適化の実践例として、自動車に搭載するエアコンに関する研究を紹介します。[37]

　初めてハイブリッド車を経験したときは、その静かさに驚いたものです。車内のエアコンの騒音などはガソリン車では気にならないかもしれませんが、自動車のハイブリッド化・EV 化が進む今後は、より静かなエアコンが求められます。また、車内の構造も変わり、カーエアコンはより小型でかつ強い風を送る機能も備えなければなりません。ここではカーエアコンの送風機部分に注目し、空気を動かす「ファン」と、風を外部に送る「スクロール」の設計を考えます (図 7.12)。

　放射状に取り付けられた 45 枚のブレードからなるファンの形状は、ブレードの長さや角度など、10 個のパラメータで、そして、スクロールの形状は 5 個のパラメータで表現され、合計 15 個のパラメータによって送風機の設計が決まります。その設計での送風性能と騒音の大きさは、流体シミュレーションで得られます。送風性能という目的関数を最大に、騒音という目的関数を最小にする、15 次元説明変数ベクトル $\boldsymbol{x}$ を探す問題を解かないといけません。

|図7.12|自動車のエアコン用送風機の構造
青いファンの部分が回転し、黄色のブレードによって右下方向へ送風される。(図は下山幸治氏提供)

　しかし、前節と同様、流体シミュレーションは計算コストが高く、15次元説明変数空間の全探索など到底できません。そこで、ベイズ最適化を使います。最初に何組かのパラメータで実際にシミュレーションして送風性能と騒音の大きさを評価します。次に、その初期サンプルに対して入力15次元のガウス過程回帰をし、送風性能が良くなる、または、騒音が小さくなりそうな設計パラメータを選びます。そのパラメータでさらにシミュレーションし、そのサンプルを加えて、再度、ガウス過程回帰をします。この作業を繰り返して、最適な設計を探します。

　このような設計の問題では、送風性能と騒音の大きさのように、複数の目的関数が存在します。それらの目的関数が同じ説明変数 x で全て最適になるとは限りません。一般に、「性能」と「製造コスト」という目的関数にトレードオフの関係がありがちなのは想像に難くないでしょう。このような問題は多目的最適化問題と呼ばれます。ベイズ最適化では、例えば、ある目的変数 y_1 についての獲得関数 $f_1(x)$ を最大にする x_1 を探し、次の測定箇所を決めるのは簡単です。しかし、別の目的変数 y_2 についての獲得関数 $f_2(x)$ を最大にする x_2 が x_1 と異なると、次の測定箇所を決めるのは単純な問題ではなくなります。

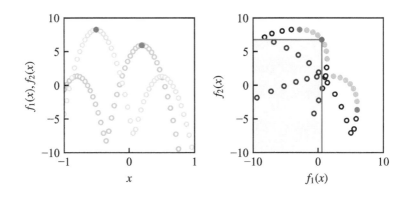

|図 7.13 | 多目的最適化問題の模式図

左：最大化したい 2 つの目的関数 $f_1(x)$ と $f_2(x)$。それぞれの最大値が赤丸で示されている。右：f_1–f_2 平面での解の散布図。赤丸はそれぞれの目的関数の最大値。青丸が支配する領域が薄い青色の領域で示されている。赤丸、青丸、灰色の丸はいずれも非劣解。

図 7.13 は最大化したい目的関数が 2 つある問題を模式的に表しています。左は横軸が説明変数 x を表し、縦軸は 2 つの目的関数 $f_1(x)$、$f_2(x)$ です。それぞれの最適解が赤丸で示されています。右は 2 つの目的関数を横軸・縦軸にした図です。この図からわかるように、それぞれの最適解が異なるとき、多目的最適化問題として最適な解は一意には決まりません。今、青丸の状態に注目しましょう。この状態よりも左下の領域にある状態は、両方の目的関数で青丸よりも小さい値をもっています。これを、青丸の状態が左下の領域を支配する (dominate)、と表現します。青丸は他の状態によって支配されない状態です。青丸に加えて、赤丸や灰色丸も同様で、他のどの状態によっても支配されません。これらの状態は非劣解 (non-dominated solution) と呼ばれます。

　一般的な多目的最適化の話題から、カーエアコンの話題に戻りましょう。この研究では、まず、15 次元説明変数 x 空間内の 45 点でシミュレーションをして、送風性能と騒音の大きさの初期サンプルを得ます。この初期サンプルを用いて、送風性能と騒音のそれぞれに対するガウス過程回帰を行い、次にシミュレーションする x を決めるために、獲得関数 $\text{EI}_{送風性能}(x)$、$\text{EI}_{騒音}(x)$ を計算します。これら $\text{EI}_{送風性能}(x)$ と $\text{EI}_{騒音}(x)$ の 2 つを目的関数とする非

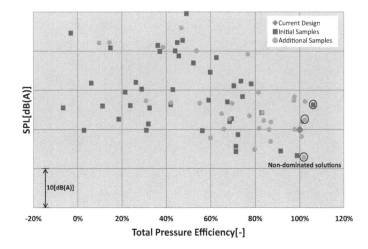

図7.14 | サンプルの送風性能 (横軸) と騒音の大きさ (縦軸)

四角が初期サンプル、丸がベイズ最適化の過程で得られたサンプル、菱形が従来の設計を示す。図中の右下ほど送風性能が高く、騒音レベルが低い、良い設計とみなされる。(図は下山幸治氏提供)

劣解は多数見つかりますが、それら全てを次にシミュレーションするのは時間がかかりすぎます。そこで、クラスター解析で用いられる k-means 法を使って、非劣解を 4 つのクラスターに分け、4 つのクラスター重心の x で、次のシミュレーションを行います。この手順を 8 回繰り返して、より良い設計パラメータ x を探します。

図 7.14 は横軸に送風性能を、縦軸に騒音レベルをとり、初期サンプルが四角で、ベイズ最適化によって得られた $4 \times 8 = 32$ 個のサンプルが丸で示されています。この図で右ほど送風性能が高く、下ほど騒音が少ない設計を表します。従来の設計 (菱形) と比較して、送風性能もしくは騒音の少なさで、より良い設計が見つかっています。

従来の設計と新たに見つかった設計で、流体シミュレーションの結果を可視化したものが図 7.15 です。まず、スクロール内の圧力を示す上図では、最適化前の設計に見られる圧力の低下 (青点線で囲まれた領域) が、最適化後は

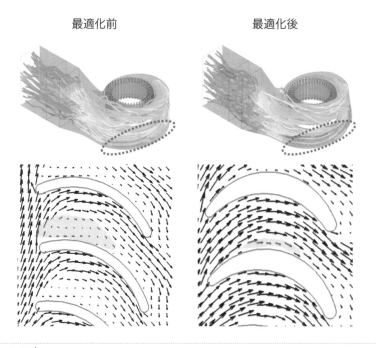

最適化前　　　　　　　　　　最適化後

図 7.15 最適化前と最適化後

従来の設計 (左) とベイズ最適化で見つかった設計 (右) の流体シミュレーション結果。
上がスクロール全体の圧力、下がファンのブレード付近の流れを示す。(図は下山幸治
氏提供)[37]

改善されています。このように、ベイズ最適化により、圧力損失を低減する
形状を発見できました。また、ブレード周辺の流れを示す下図を見ると、従
来設計では水色の領域で流れの剥離が発生して、性能の悪化を招いています。
それと比べ、ベイズ最適化で見つかった設計では、そのような剥離を抑制で
きています。

ニューラルネットワーク

8.1　ニューラルネットワークとは

最後の章では人工知能の代名詞とも言われる**ニューラルネットワーク** (neural network: NN) を扱います。本書は第 3 次 NN ブームの最中に書いています。ブームの中心にいるのは多層の NN、すなわち深層学習です。ただ、本書では最先端の深層学習にはほとんど触れません。深層学習について、私はほぼ経験がありませんし、理論から実践まで、良い本は既にたくさん出版されています (例えば、[38])。そこで、本書では「NN って、そもそもなんなの？」と思っている人向けに、その基本事項だけを紹介します。

まず、問題を設定しましょう。M 個の説明変数を $x = (x_1, x_2, \ldots, x_M)$ とし、目的変数を y とします。調整可能な複数のモデルパラメータ w をもつ x の関数 $f(x; w)$ を、N 個のデータセット $(y_1, x_1), (y_2, x_2), \cdots, (y_N, x_N)$ に最適化します。ここまでは本書でこれまで扱ってきた問題と同じです。前章のガウス過程と同様、ここでも $f(x; w)$ の関数形はわからないものとします。

単純な NN と第 1 次 NN ブーム

NN は $f(x; w)$ の作り方が独特です。単純な NN の具体例を見ていきましょう (図 8.1)。まず、説明変数 x の線形結合で u を得ます：

$$u = b + w_1 x_1 + w_2 x_2 + \cdots + w_M x_M \tag{8.1}$$

次に、u に対して図 8.1 左に示すような非線形の変換

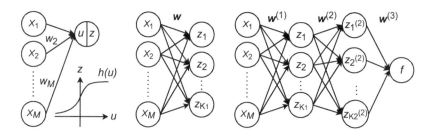

|図 8.1| NN の模式図

左：入力 x の線形結合 $u = b + w_1x_1 + w_1x_2 + \cdots + w_Mx_M$ を $z = h(u)$ と変換して出力する。変換する関数は図のような非線形関数を用いる。中央：複数のユニットを用意して、1 つの層を形成する。右：層からの出力を次の層の入力にして、最終的な出力 $f(x)$ を得る。

$$z = h(u) \tag{8.2}$$

を施します。$h(u)$ の具体的な関数形は後述しますが、とりあえずはシグモイド関数 (式 (6.3)、p.146) を想定してください。x を入力して z を出力する、この一連の操作を 1 つの**ユニット** (unit) と呼びます。このユニットを K_1 個作ります (図 8.1 中央)。それぞれのユニットで係数 w は別物であり、異なる値をもちます。x を入力して $z = (z_1, z_2, \cdots, z_{K_1})$ を出力する K_1 個のユニットの集合を 1 つの**層** (layer) と呼びます。

次に、別の層を付け足します。新しい層のユニットでは、前の層から出力された z を入力し、同様に線形結合と非線形な変換、

$$u^{(2)} = b^{(2)} + w_1^{(2)}z_1 + w_2^{(2)}z_2 + \cdots + w_{K_1}^{(2)}z_{K_1} \tag{8.3}$$

$$z^{(2)} = h(u^{(2)}) \tag{8.4}$$

によって、$z^{(2)}$ を出力します。新たな層ではこのユニットを K_2 個含みます (図 8.1 右)。第 1 層の係数 $w^{(1)}$ と第 2 層の係数 $w^{(2)}$ はやはり別物です。そして、最終的な出力は、回帰の問題なら K_2 個ある $z^{(2)}$ の線形結合

$$u^{(3)} = b^{(3)} + w_1^{(3)}z_1^{(2)} + w_2^{(3)}z_2^{(2)} + \cdots + w_{K_2}^{(3)}z_{K_2}^{(2)} \tag{8.5}$$

をそのまま $f(\boldsymbol{x}) = u^{(3)}$ として使います。判別の問題なら $u^{(3)}$ を引数とし、シグモイド関数 (2 クラス) やソフトマックス関数 (多クラス) で変換した値を最終的な出力 $f(\boldsymbol{x})$ として使います (6.3 節参照)。このモデルには入力層と出力層の他に 2 つの**中間層** (intermediate layer) があります。各層の係数を全て合わせて W と書きましょう。

あとは y と $f(\boldsymbol{x})$ で決まる誤差関数を定義して、モデルをデータに最適化します。誤差関数には、例えば回帰の問題なら最小二乗法と同じように MSE が、判別の問題であれば、交差エントロピー (式 (6.7)、p.148) がよく使われます。これらの誤差関数を小さくするようにモデルパラメータ W を決めます。

このようなモデルは 1940 年代から研究が始まり、1960 年代初頭には 1 つの中間層で判別問題を解く**パーセプトロン** (perceptron) と呼ばれるアルゴリズムと専用計算機が登場しました。NN は多層パーセプトロンとも呼べるモデルの総称で、判別だけでなく回帰の問題にも使われます。

「ニューラルネットワーク」という名前は、神経細胞「ニューロン」に由来します。ニューロンでは他のニューロンから信号が入力され、電位がある閾値を超えると発火して、別のニューロンに信号が出力されます (図 8.2)。人間の脳には 1000 億個以上のニューロンがあると言われています。

NN では 1 つのユニットが 1 つのニューロンを模しています。図 8.1 の関数 $h(u)$ は、負の u にはほぼ無反応ですが、$u \sim 0$ から急に大きな $h(u)$ を出力します。発火の閾値、すなわち $u = 0$ になる位置は、式 (8.1) や (8.3) の切片項 b によって制御されます。b はバイアスとも呼ばれます。このように NN で中核的な役割を果たす $h(u)$ は**活性化関数** (activation function) と呼ばれます。実際の脳の仕組みと比較すると NN は相違点も多いようですが、NN は独自の発展を遂げ、説明変数とサンプル数が多い状況で、現在、欠かせないツールになっています。

さて、図 8.1 のモデルにパラメータはいくつあるでしょうか? 式 (8.1) からわかるように、最初の層にはバイアス項も合わせてユニットあたり $M+1$ 個、そのユニットが K_1 個あるので、$K_1(M+1)$ 個のパラメータがあります。次の層も同様に、式 (8.3) から $K_2(K_1+1)$ 個。最後の出力層は式 (8.5)

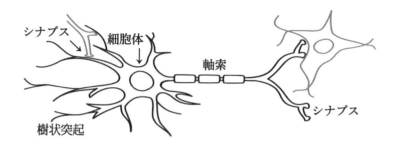

から $K_2 + 1$ 個。合計すると $K_1(M+1) + K_2(K_1+1) + K_2+1$ 個です。
小規模な NN を想定して、例えば、説明変数が 10 個 ($M = 10$)、ユニットの
数が $K_1 = K_2 = 16$ だとすると、パラメータの数は $16(10+1) + 16(16+1) + 16 + 1 = 465$ 個。$M = 100$、$K_1 = K_2 = 128$ ならば、パラメータの
数は $128(100+1) + 128(128+1) + 128 + 1 = 29569$ 個です。

　前章のガウス過程はせいぜいカーネルパラメータ数個によって様々な関数
を近似できたのに対して、NN のこのパラメータの多さは対照的です。ただ、
ガウス過程はサンプル数 N に対応して $N \times N$ の行列を扱うため、N が巨大
になると計算が苦しくなりました。NN にその問題はありません。一方で、パ
ラメータが多いため、相応のデータ数がないと NN は過適合なモデルになっ
てしまいます。過適合を避けるための工夫が NN にとって重要です。具体的
な方法はあとで紹介します。

様々な NN モデルと第 2 次 NN ブーム

　もしデータが十分にあるなら、より多くのパラメータをもつ、より複雑な
NN を構築して、高い予測精度が得られるかもしれません。もしデータが十
分にあって、今の NN が単純すぎるなら、ユニットや層を増やすだけで良い
効果が期待できます。

　また、ユニット間の繋ぎ方も、問題ごとに適した様々なものが知られてい

ます。図 8.1 の NN は左から右へ情報は一方通行で伝播し、ある層の出力は以前の層に戻りません。このような NN は**順伝播型** (feedforward) と呼ばれます。8.2 節で少し触れますが、例えば時系列データに対しては**再帰型 NN** (recurrent NN: RNN) が有効です。RNN では、ある層の出力が再度その層の入力として使われます。また、図 8.1 の NN は、ある層のユニットと次の層のユニットの間が全て結び付く、すなわち、**全結合** (fully-connected) していました。8.3 節で紹介する**畳み込み NN** (convolutional NN: CNN) は画像の判別問題でよく使われる手法で、入力の一部だけを次の層のユニットに繋ぎます。

このように様々な NN が提案される中、1980 年代まで、ほとんどの NN では多数のパラメータをデータに最適化する方法が大きな問題でした。本書では最適化について詳しくは述べませんが、主要な 2 つの概念を紹介します。

NN の最適化には通常、勾配法 (2.2 節) が使われます。しかし、図 8.1 からもわかるように、NN では同じ形の活性化関数をたくさんのユニットで使い、多くの局所解が現れます。全てのサンプルから誤差関数の勾配を計算し、パラメータを更新していくと、局所解にはまって抜けられなくなります。そこで、データを全て使わず、そのサブセットを使って、パラメータを更新する**ミニバッチ学習** (minibatch learning) が使われます。なお、パラメータを更新していく過程は「学習」と呼ばれます。データからランダムにサブセットを取り出して、勾配を計算、パラメータを更新し、次に別のサブセットを使って同じ作業を繰り返します。そうすることで局所解にはまるリスクを軽減し、確率的に正しい方向に進むと期待できるこの手法は**確率的勾配降下法** (stochastic gradient descent) と呼ばれます。

また、勾配法では誤差関数 E のパラメータでの微分 $\partial E/\partial w_i$ を計算してパラメータの更新に使います。しかし、入力層に近い層のパラメータは、最終的な出力層から見ると活性化関数による変換を何度も受けており、その微分の計算が大変になります。この勾配を出力側から入力側に誤差を伝播させて計算する手法が**誤差逆伝播法** (back propagation) です。1980 年代後半から、計算機の性能向上を背景に、確率的勾配降下法と誤差逆伝播法によって NN が高い予測精度を出せるようになり、第 2 次 NN ブームが起こりました。

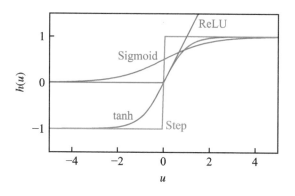

|図8.3| **様々な活性化関数**
赤：tanh、青：シグモイド関数、緑：ステップ関数、マゼンタ：ReLU。

NN の基本用語

　NN について簡単な具体例を示しつつ、その特性を研究の歴史とともに見てきました。ここで、実際に NN を使う際に役立つ用語を整理しておきましょう。NN は入力層、中間層、出力層で構成されます。中間層は**隠れ層** (hidden layer) とも呼ばれます。それぞれの中間層について、全結合にするのか、他の結合の型にするのか、ユニットの数、そして活性化関数を設定して、NN モデルが構成されます。

　パーセプトロンの活性化関数はステップ関数 ($u < 0$ で $h(u) = -1$、$u \geq 0$ で $h(u) = +1$) に相当します。NN ではシグモイド関数 (式 (6.3)、p.146) や双曲線正接関数 $\tanh(u)$ がよく使われてきましたが、最近は Rectified Linear Unit (ReLU) と呼ばれる、以下の関数もよく使われます。

$$h(u) = \begin{cases} u & (u \geq 0) \\ 0 & (u < 0) \end{cases} \tag{8.6}$$

これらの活性化関数をまとめて図 8.3 に示します。いずれも u が負のとき出力値が小さく、$u \sim 0$ 付近から急に $h(u)$ が大きくなる特徴をもっています。

　最適化に確率的勾配降下法を使う際には、ミニバッチのサイズを決めないといけません。N 個のサンプルに対してバッチサイズが N_b であれば、勾配計算を N/N_b 回繰り返すと全てのサンプルが 1 回使われ、これを 1 **エポック**

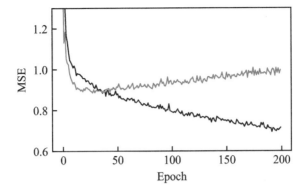

図8.4 誤差関数の推移の例

8.2 節のデータと回帰モデルを使用し、誤差関数は MSE。黒は訓練誤差を表し、エポックが進むにつれ誤差関数は小さくなり続ける。赤は検証誤差を表し、30 エポック付近で最小になったあとはモデルが過適合になり、検証誤差は大きくなる。

(epoch) と呼びます。N_b が大きすぎるとミニバッチ学習の効果がなくなり、小さすぎると 1 エポックにかかる計算時間が長くなります。

　パラメータが多い NN では過適合が起こるので、モデルの汎化性能の評価は訓練用サンプルとは異なる検証用サンプルで行うべきです。計算時間が許せば交差検証が有効ですが、規模の大きい NN の問題では難しいかもしれません。図 8.4 に典型例を示します。訓練用サンプルに対する誤差関数の値、すなわち訓練誤差は、勾配法でパラメータ更新を進めるとエポックごとに小さくなっていきます (黒線)。一方で、訓練用サンプルから得られたモデルを検証用サンプルに適用したときの誤差関数、すなわち検証誤差は、学習の途中で底を打つか、むしろ増加してしまいます (赤線)。検証誤差よりも訓練誤差が明らかに小さいモデルは過適合です。このような過適合を防ぐために、検証誤差が増加に転じた時点で最適化を止める**早期終了** (early stop) がよく使われます。

　他の過適合を防ぐ工夫として、第 5 章で扱った正則化が挙げられます。パラメータの 2 次ノルム ($\|\boldsymbol{w}\|_2^2$) や 1 次ノルム ($\|\boldsymbol{w}\|_1$) を正則化項として誤差関数に付け足した目的関数を作り、最小化します。これによって、パラメータが飛び抜けて大きくなるのを抑制できたり、不要なパラメータの係数をゼロ

にして問題の次元を落とす効果があります。また、一部のユニットをランダムに無視してしまう、NN 特有の手法である**ドロップアウト** (dropout) もよく使われます。この手法は、いくつかのユニットを無視し、その他のユニットのパラメータだけを更新し、次に無視するパラメータを変えて、再度、パラメータを更新していきます。これを何度も繰り返すと、次元の低い複数のモデルを平均したような結果が得られます。

　このように、複数の層からなるネットワークの設計や過適合を防ぐための道具など、NN にはユーザーが設定すべき項目がたくさんあります。この高い自由度によって、NN は幅広い問題に対応できます。しかし、いざ手元の問題を NN で解こうとするとき、どのようにそれらを設定すれば良いのか、悩みます。この問いに対する理論的で明確な答えは今のところありません。似たような問題でうまく機能している NN を参考に、試行錯誤するのが近道です。適切な層の数などを自動調整する研究は現在進行形で進められています。

深層学習と第 3 次 NN ブーム

　誤差逆伝播法によって複数の中間層をもつ NN が高い性能を発揮できるようになりました。しかし、層の数が増えるにつれ、確率的勾配降下法で計算される勾配の値がとても小さくなってしまい、パラメータ更新が進まなくなる問題が顕在化しました。確率的勾配降下法では活性化関数の微分が入力層に向かって何度も掛け算されます。例えば、活性化関数がシグモイド関数の場合、その微分は最大でも 0.25 なので、何度も掛け算すると勾配が急速にゼロに近づくのです。これは**勾配消失問題** (vanishing gradient problem) と呼ばれます。

　この問題は 2000 年代以降、パラメータの初期値を適切に定める方法や、ReLU のような活性化関数の改良によって改善されました。多くの中間層をもつ NN でも良い性能が得られるようになり、そのような多層 NN は深層学習と呼ばれ、第 3 次 NN ブームが起こりました。国内で深層学習ブームの火付け役となった囲碁 AI「AlphaGo」は十数層、数百万個のパラメータをもつ多層 NN でした。最新の深層学習にはパラメータの数が 1000 億を超えるものもあります。もちろん、それ相応のデータ数があってこそのモデルです。

　最先端の深層学習は本書の守備範囲外です。次節では 1、2 層だけの単純

な NN の実践例と、RNN について紹介します。8.3 節では画像判別でよく使われる CNN の実践例を紹介します。

8.2 実践例 1：風に煽られる望遠鏡

巨大な電波望遠鏡には建屋がないことがあります。数十 nm の精度で研磨された鏡をもつ可視光用の望遠鏡では、鏡の品質保持のため、ドーム状の建屋が作られます。望遠鏡に求められる反射面の精度は波長に反比例します。長い波長の電磁波を扱う電波望遠鏡でも反射面の精度は大切ですが、可視光望遠鏡よりは求められる精度が低く、そのおかげで、より大きな、たくさんの電波を集められる「アンテナ」が作れます。そして、それをさらに巨大な建屋で覆って守らなければいけないほど、鏡面精度の保持はシビアでないので、大きな電波望遠鏡は通常、野ざらしです。しかし、アンテナは風の影響を受けやすい構造です。アンテナは目的天体の方向に正確に向けなければなりませんが、風で煽られて方向がずれてしまうと困ります。

国立天文台のアタカマサブミリ波望遠鏡実験 (Atacama Submillimeter Telescope Experiment: ASTE、アステ) はチリ北部、アタカマ砂漠の標高 4860 m の高地に設置された、直径 10 m の電波望遠鏡です (図 8.5 左)。望遠鏡の風上である南西方向に風向風速計が設置されており、図 8.5 右は測定された風速 (中央)、風向 (下)、そして風に煽られて生じた望遠鏡の指向方向のずれ、すなわち指向誤差 (上) を示しています。このデータは指向誤差を測るために電波望遠鏡に小さな可視光望遠鏡を搭載し、明るい星を追尾して得られたもので、通常の観測時には指向誤差は実測できません。図からわかるように、風速 10 m/s の風で約 2 秒角 (1 秒角は 1/3600 度) の指向誤差が生じています。そこで ASTE では風の瞬時値を使って、風荷重 (風速の 2 乗に比例) による指向誤差をリアルタイムに補正する制御システムが搭載されています。平均風速 10 m/s までなら、このシステムで 1.2 秒角の指向精度が達成されています。[39]

ところが、実際は突発的に 25 m/s の強い風が吹くことも稀ではなく、単純なモデルでは指向誤差 12 秒角を予測するのですが、図からわかるように実際には 5 秒角ほどの指向誤差しか発生していません。風乱流の特性をうま

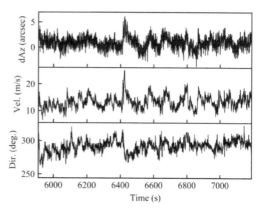

©国立天文台

| 図 8.5 | 電波望遠鏡

左：電波望遠鏡 ASTE。右上：望遠鏡の指向誤差。右中央：風速、右下：風向。指向誤差は方位角方向の成分のみ表示しており、高度方向の成分は省略している。

く考慮したより良い予測手法の開発が求められています。また、風の時系列データからデータ取得時の指向誤差が予測できるなら、リアルタイムでは補正せず、データ取得後に補正する選択肢が新たに加わります。

風データから指向誤差を予測する

　風向と風速の時系列データから、各時刻の指向誤差を予測できるでしょうか？ 風向風速計から望遠鏡までの距離は 30 m なので、風向風速計で測定された秒速 10 m の風が望遠鏡に届くまでには単純計算で 3 秒かかります。では、3 秒前の風速データから指向誤差を推定すれば良いでしょうか？ もちろん問題はそう単純ではありません。突然、秒速 25 m の強い風が吹くと、その空気の流れは同様に計算するとわずか 1 秒ほどで望遠鏡に到達するはずです。風に対して常に一定のタイムラグで指向誤差が生じるわけではないのです。

　風と指向誤差の因果関係を知りたいなら、本来は空気の流れをシミュレーションして、風がアンテナに及ぼす力とその応答を調べるべきです。しかし、その計算の実行とモデルの評価にかかる手間を考えると、そのアプローチを取るのはやや躊躇します。物理的な因果関係はわからなくても良いから、も

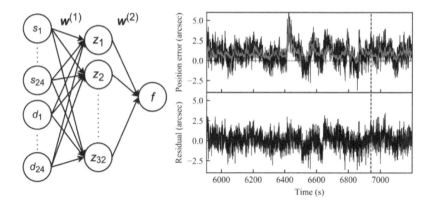

図 8.6 風データを用いた望遠鏡指向誤差の NN モデル

左：モデルの概要。ある時刻より前の風速 s と風向 d の 24 個ずつを説明変数として入力する。中間層は 32 ユニット全結合の 1 層のみ。右上：データ (黒) とモデルの予測 (赤)。縦点線より左側が訓練用サンプルで、右側が検証用サンプル。右下：データとモデル予測の残差。

うちょっと簡単に予測したくなります。そこで、NN でやってみましょう。

目的変数をある時刻の方位角方向の指向誤差 y、説明変数をその 6 秒前から同時刻までの風速 s・風向 d とする、回帰の問題を考えます。時系列データには後述する RNN が適していますが、ここではごく単純な NN の実践例にするため、全結合 1、2 層の NN にします (図 8.6 左)。モデルと最適化の詳細は後回しにして、早速結果を見てみましょう。図 8.6 右は指向誤差のデータ (黒) と最適化された NN モデルによる予測 (赤) を示しています。前半 8 割の部分が訓練用サンプルで、後半の 2 割が検証用サンプルです。最適化されたモデルは訓練用サンプルはもちろん、検証用サンプルもそれなりに再現しています。再現されていない高周波成分の多くは測定誤差で説明できます。

この結果を得るためのデータとモデルの詳細は以下の通りです。データは 4 Hz で取得されているので、6 秒前までの期間には 24 個の測定値があります。したがって、説明変数の次元は風向・風速それぞれ 24、合計 48 で、この説明変数と目的変数が 5176 組あります。風向と風速は単位が違うので、前処理として標準化しておきます。中間層は 1 つだけで、32 個のユニットが含

| 表8.1 | 検証用 MSE の上位 5 モデル |

N_u	f_d	N_l	N_b	MSE
256	0.9	1	128	0.875
32	0.5	1	128	0.877
8	0.2	1	16	0.880
128	0.9	1	128	0.882
8	0.2	1	128	0.884

| 表8.2 | 検証用 MSE の下位 5 モデル |

N_u	f_d	N_l	N_b	MSE
128	0.5	2	1024	1.38
128	0.2	1	4	1.41
128	0.2	2	4	1.43
256	0.2	2	512	1.56
256	0.5	2	4	1.57

まれ、活性化関数は ReLU を使いました。出力層は中間層の出力の単純な線形和で、誤差関数は MSE です。これで $(24 \times 2 + 1) \times 32 + 32 + 1 = 1601$ 個のパラメータをもつ NN になりますが、中間層については50%のドロップアウトを課すので、実際はもう少し小さなサイズのモデルとみなせるでしょう。最適化は、検証用サンプルで計算する MSE の最小値が 10 エポック更新されなければ、そこで早期終了しました。

NN の汎化性能と過適合

これくらいの単純な NN ならハイパーパラメータを様々な値に変えて、各モデルを評価できます。ここでは、ユニット数 N_u を 2、8、32、128、256 の 5 種類、ドロップアウト率 f_d を 0.2、0.5、0.9 の 3 種類、層の数を 1、2 の 2 種類、バッチサイズを 4、16、128、512、1024 の 5 種類を用いて、それらの全組み合わせ $5 \times 3 \times 2 \times 5 = 150$ 個の NN モデルを最適化し、検証誤差でモデルを評価しました。結果を表 8.1 と表 8.2 に示します。

表 8.1 には検証誤差 (MSE) が小さい上位 5 モデルを載せています。上位モデルは中間層 1 層のみで、ユニット数が少ない、もしくは多い場合でもドロップアウト率が大きい、つまり、パラメータが少ない傾向をもっています。表 8.2 は下位 5 モデルを載せています。中間層が 2 つあるなど、上位モデルとは逆の傾向、すなわち、多くのパラメータをもつ傾向があります。この結果から、データのサイズに合わせた適切なモデルサイズの設定が、NN でも重要だとわかります。図 8.7 は多すぎるパラメータを用いて過適合になったモデルの例です。本来、風と無関係な測定誤差まで含め、このモデルは訓練用サンプルの指向誤差をほぼ完全に再現しています。しかし、検証用サンプ

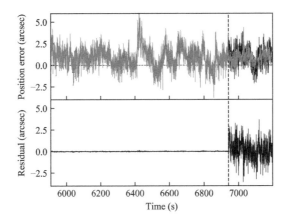

図8.7 指向誤差の過適合したモデルの例

図中の記号は図 8.6 右と同じ。

ルに対しては指向誤差を同じような精度では再現できていません。

NN の解釈性

図 8.6 右のモデルは適切なサイズのモデルです。風が望遠鏡に及ぼす影響という非線形な問題を、このモデルはどのようにして解いているのでしょうか？1 層しかない中間層のユニットの中身を見てみましょう。図 8.8 では出力層の係数 $w^{(2)}$ が大きい順に 3 つのユニットについて、中間層の係数 $w^{(1)}$ のうち風速の係数のみを表示しています。この図は NN の各ユニットが何秒前の風速データを見ているのかを表します。

まず、上のユニットは、-6 秒から直前まで、ほぼ同じような大きさの係数をもっています。これは風速の平均値を見ていて、常に強い風が吹いている状況で発火するユニットと考えられます。次に、中央のユニットは -2 秒から直前までの風速にのみ感度をもっています。これは直前に突発的な強い風が吹いたときに発火するユニットと考えられます。また、下のユニットは -4 秒から -2 秒の風速に感度があり、-6 秒付近や直前の風には感度が低くなっています。このユニットは中程度に強い風に対して発火すると考えられます。このように、風の特徴に対応して異なる応答をするユニットを作って、

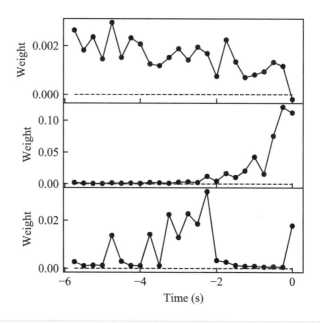

|図 8.8|中間層の風速の係数 $w^{(1)}$

32 個のユニットのうち、出力層の係数 $w^{(2)}$ が大きい順に 3 つのユニットを示している。このモデルではドロップアウトの代わりに中間層に ℓ_1 正則化して、不要な係数をゼロにしている。

NN モデルは風から指向誤差を予測していることがわかります。

　中間層が 1 つなら、図 8.8 のような係数の可視化によって、NN モデルを解釈できます。しかし、現代的な多層の NN モデルでは難しいでしょう。この NN の説明可能性や解釈性は扱うテーマによっては大きな問題となります。例えば、大量の医療データで学習した NN があなたの検査結果をもとに「手術する必要があります」と判断したなら、当然、あなたはその判断の理由や根拠が知りたくなるでしょう。しかし、NN はその問いに答えてくれないかもしれません。NN の解釈性の向上は、現在、盛んに研究されていますが、大事な要因を抽出するスパースモデリング (第 5 章) とは対照的に、NN には一般的に解釈の難しさがつきまといます。

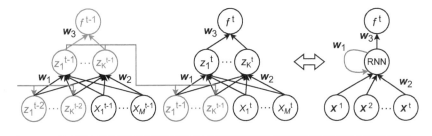

|図8.9|RNN の模式図

時系列データに適した RNN

本節の最後に、時系列データに本来ふさわしい、RNN を紹介します。図 8.6 のモデルは説明変数の順番を入れ替えても同じ結果になる、すなわち、風向 (d) と風速 (s) を時系列データとして扱っていないモデルでした。本来は、目的変数である時刻 t の指向誤差 y^t を、説明変数 $X^t = (x^1, x^2, \cdots, x^t) = \{(d^1, s^1), (d^2, s^2), \cdots, (d^t, s^t)\}$ から、時系列データであることを活かして推定すべきです。

図 8.9 は一般的な RNN のネットワーク構成を示しています。図 8.1 や図 8.6 左のような図をスペースの都合で 90 度回転しているので、下側から入力して、上側に出力していることにご注意ください。時刻 t での出力 f^t を得るために、その M 個ある説明変数 $x^t = (x_1^t, \cdots, x_M^t)$ と全結合するユニット数 K の中間層を考えます。本節の例では風向と風速を説明変数と考えているので $M = 2$ です。この中間層が $z^t = (z_1^t, \cdots, z_K^t)$ を出力します。ただし、この中間層には x^t だけでなく、1 つ前の時刻 $t - 1$ での出力 z^{t-1} も入力として加わります (図中の左から中央への赤矢印)。中間層における z^{t-1} の係数 w_1 と x^t の係数 w_2 は別物です。

同様に、時刻 $t - 1$ の中間層には $t - 2$ の出力 z^{t-2} が入力されます。本節の例では、説明変数として風向と風速それぞれ 24 個の時系列データを与えているので、図 8.9 に示す、前の時刻の出力を次の時刻の入力にする、という操作が 24 回繰り返されます。z^t には z^{t-1} の情報が入り、z^{t-1} には z^{t-2} の情報が入るので、過去の情報が f^t の計算に活かされます。このネットワークは、$X^t = (x^1, x^2, \cdots, x^t)$ を入力して f^t を得る NN として、図 8.9 右

のように描けます。中間層での出力を入力として再利用するため、このような NN は再帰型と呼ばれます。

図 8.9 の RNN は f^t の計算に対して 1 つ前の情報は直接使いますが、過去に遡るにつれ、その情報は薄まってしまいます。そのため、このモデルは時系列データが長いとしばしば性能が落ちます。この弱点を補うため、より遠い過去の情報も記憶できるように工夫された**長・短期記憶** (Long Short-Term Memory) と呼ばれる NN が最近はよく使われています。

8.3　実践例 2：超新星の捜索

次は画像の判別によく使われる CNN の実践例として、超新星を探す研究を紹介します。超新星を理解するためには爆発直後の観測が大切です。しかし、突発的に起こる現象なので、いつ、どの銀河に現れるか、爆発前にはわかりません。どこかの銀河で超新星が発生しても、それに気がつかないとデータは取れません。超新星の発見、イコール、超新星爆発の瞬間、ではないのです。

超新星の捜索はアマチュア天文家が活躍する舞台でもあります。銀河を小型の望遠鏡でひとつひとつ観察し、過去の画像には写っていない天体が見つかれば、それが超新星の候補です。2000 年代後半からは各国の研究者によって大規模な超新星捜索が行われるようになりました。大口径の望遠鏡に大型カメラを取り付けて、1 回で空の広い領域が撮れるようになったのです。ひとつひとつの銀河に望遠鏡を向けなくても、1 枚の画像に多数の銀河が写るので、超新星を捉える効率が上がりました。

東京大学木曽観測所にある 105 cm シュミット望遠鏡も広い視野を誇ります。2018 年から、この望遠鏡に 84 枚の CMOS センサを並べた巨大なカメラを取り付けて全天をサーベイする Tomo-e Gozen 計画 (トモエ ゴゼン、以降、Tomo-e) が進められています (図 8.10)。数時間間隔で全天を巡回するこの計画は、爆発直後の超新星の検出を目的の 1 つとしています。

ここで課題となるのが、大量の巨大な画像データから超新星を検出する方法です。以前のように観測できる銀河の数が少なければ、ひとつひとつの画

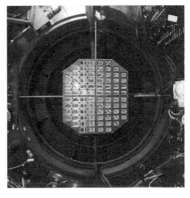

図 8.10 左：木曽観測所 105 cm シュミット望遠鏡／
右： Tomo-e Gozen カメラの受光部（いずれも東京大学木曽観測所）

像を目で確認できます。しかし、Tomo-e ではそれはもう不可能です。通常の変光星の場合は、画像に写っている全ての天体の位置と明るさを測り、過去のデータと比較して、新天体を探せます。しかし超新星の場合、点光源である超新星が広がった光源である銀河に紛れるため、取得した画像そのものから超新星候補を検出するのは難しくなります。そこで、現在の画像から過去の画像を引いた差分画像を作成する方法がよく使われます。時間変動しない通常の恒星や銀河は引き算すると消えてなくなるので、引き算して残った天体が超新星の候補天体です。

　この画像同士の引き算、実は簡単な処理ではありません。地上からの天体観測は大気の影響を受けるため、画像上の星の広がりや、背景光のノイズなどは時々刻々と変わります。それらの補正が完全でないと、差分画像に偽の星が出現してしまいます。図 8.11 は Tomo-e で実際に観測された超新星と偽の星の例です。左の3つの例は本物の超新星です。参照用画像が適切に引かれた結果、銀河が消えて、超新星だけが残っています。右の3つの例は引き算した結果、偽の星が生じてしまったケースです。本当は時間変動していない普通の星なのに、星の位置やサイズが2つの画像で微妙に異なった結果、差分画像に引きすぎや引き残しの構造が見られます。

　本物と偽物のパターンは目で見れば多くは判別できます。しかし、ひとつ

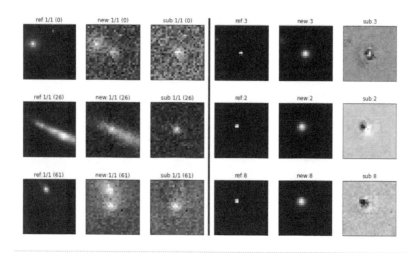

図 8.11 Tomo-e で取得された超新星の例 (左) と偽の星の例 (右)

それぞれの例について、左が過去に撮られた参照用画像、中央が現在の新しい画像、右が差分画像。超新星は右の画像に残るが、画像の引き算によってしばしば偽の星も現れる。(図は冨永望氏提供)

ひとつ目で確認する時間はないのです。そこで、CNN を使った画像判別の出番となります。

CNN とは

まず、一般的な CNN の説明をします。CNN の "C" は "Convolution" = 畳み込み、です。畳み込みの層をもつ NN は画像の問題だけに有用なわけではないですが、ここでは画像データを想定して説明します。図 8.12 上は畳み込み層の 1 つのユニットの入出力を模式的に示しています。入力は 5×5 の画像 $x = (x_{11}, \cdots, x_{55})$ です。CNN ではフィルタを使います。ここでは 3×3 のフィルタ $w = (w_{11}, \cdots, w_{33})$ を考えます。この w が CNN のモデルパラメータです。このフィルタをまず画像の左上の端に当てて、$u_{11} = w_{11}x_{11} + w_{12}x_{12} + \cdots + w_{33}x_{33} + b$ と計算します。そして、活性化関数 $h(u)$ で $z_{11} = h(u_{11})$ に変換し、このユニットの出力とします。入力画像の全ての情報を使わず、画像の一部しか使っていないので、全結合と

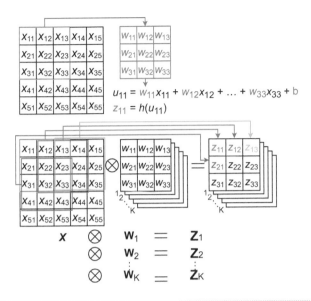

$u_{11} = w_{11}x_{11} + w_{12}x_{12} + \dots + w_{33}x_{33} + b$
$z_{11} = h(u_{11})$

$X \otimes W_1 = Z_1$
$\otimes W_2 = Z_2$
$\otimes W_K = Z_K$

|図8.12|CNN の模式図

は異なります。

　次に、フィルタを当てる入力画像の位置を右に 1 画素ずらして、同様に z_{12} を得ます (図 8.12 中央)。このようにして、フィルタを当てる部分をずらしながら z を計算すると、新しい 2 次元の「画像」が生成されます。このような操作が「畳み込み」です。CNN では画像を畳み込むためのフィルタを複数用意します。畳み込み層の出力はさらに変換されて、最終的な出力を得ます。具体的なモデルはあとの実践例で示します。

　このような畳み込みがなぜ、画像の判別に有効に働くのでしょうか？ 例として、様々な人が手書きした、ひらがなの「く」の画像とカタカナの「ク」の画像を判別する問題を考えてみましょう。単純に考えると教師データと同じサイズの「く」そのものをフィルタにして、判別したい画像との適合度 (例えば MSE) から判別するのが良さそうです。しかし、手書き文字では画像中の「く」の位置がフィルタとずれていたり、形がわずかに違ったりして、そのようなフィルタはうまく機能しません。

　したがって、字に多少の個性があっても共通して存在する特徴で判別する

のが良いでしょう。文字の全体ではなく、狭い範囲だけを見て、例えば「／」のように左下から右上に伸びた特徴をフィルタにするのはどうでしょうか。このフィルタを判別したい画像と畳み込み、大きな値が得られれば「く」である、と判別できるでしょうか？ しかし、「／」という特徴は「く」だけでなく、「ク」にもあるので、判別に有効な特徴とはいえません。そう考えると「＼」や「＜」のようなフィルタなら「く」には当てはまる部分があり、「ク」にはどの部分も当てはまらないので、判別に有効な特徴になるでしょう。

　「く」と「ク」を判別するような単純な問題なら、このように文字を目で見て有効なフィルタを設計できます。しかし、より複雑な、犬と猫の判別、超新星か偽の星かの判別、といった問題では有効なフィルタを手作業で設計するのは困難です。CNN は判別に有効なフィルタをデータから学習しているのです。前節の図 8.8 も同様に、望遠鏡の指向誤差を精度良く予測するために NN が学習した風データのフィルタと解釈できます。これまでの章で扱ってきた手法では、データを特徴づける変数はあらかじめ用意したものを使いました。画像の判別のような、有効な変数が自明でない場合に、その変数そのものをデータから学習することが NN の特性といえます。CNN を用いた、手書き文字の簡単な判別器を Python で構築するプログラムを付録 A.5 に載せています。

超新星判別のための CNN モデル

　それでは Tomo-e で観測された超新星と偽の星の判別を CNN で行った研究を紹介します。[40]

　入力データは図 8.11 のような参照画像、新規画像、残差画像の 3 つの画像で、それぞれ 29 × 29 画素をもっています。これは巨大な画像データを細かく分割したものです。本物もしくは偽物のラベルが付いた、この 29 × 29 × 3 のサンプル、それぞれ 14000 組を使います。このうち偽物のデータは Tomo-e で実際に観測された画像です。一方、本物の超新星はまだそれほど多く検出できていないので、本物の超新星を模して作られた人工的な画像を用いています。

　使用する CNN モデルの模式図を 図 8.13 に示します。29 × 29 × 3 の画像データを、5 × 5 × 3 のフィルタ 32 個をもつ畳み込み層に入力し、活性化関

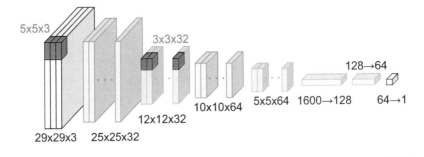

| 8.13 | **超新星の判別に用いられた CNN の模式図**

数 ReLU を用いて、25×25 の画像が 32 個出力されます (青色の層)。この畳み込み層のパラメータ数は $(5 \times 5 \times 3 + 1) \times 32 = 2432$ です。括弧内の「$+1$」はバイアス項 (式 (8.1) の b) に対応します。

　次の緑色で表されている層は CNN 特有の処理で**プーリング** (pooling) と呼ばれます。例えば、2×2 のサイズでプーリングをする、とは、入力画像中の 2×2 の領域から 1 つの値のみを出力する処理を意味します。出力値としてはプーリング領域の最大値がよく使われます。$K \times K$ のサイズで領域が重ならないようにプーリングすると、$N \times N$ の入力画像が $N/K \times N/K$ に小さくなって出力されます。畳み込み層が出力する画像は隣接画素間で値が似通った冗長な状態になる傾向があります。プーリングには、有用な情報は保持しつつ、情報のサイズを小さくする狙いがあります。なお、ハイパーパラメータとなるプーリングサイズ以外にプーリング層に調整可能なパラメータはありません。ここでは 2×2 の最大プーリングをして、12×12 の画像を 32 個出力しています。

　プーリングされた画像をさらに $3 \times 3 \times 32$ のフィルタ 64 個で畳み込み、10×10 の画像 64 個を出力します。この 2 つ目の畳み込み層は $(3 \times 3 \times 32 + 1) \times 64 = 18469$ 個のパラメータをもちます。それを再度 2×2 の最大プーリング層に入力して、5×5 の画像 64 個を出力します。

　ここからは全結合の層が続きます。まず、$5 \times 5 \times 64 = 1600$ 個の要素をユニット数 128、活性化関数 ReLU の全結合層に入力します。図 8.13 には明示していませんが、この全結合層の入力のうち 30% をドロップアウトして

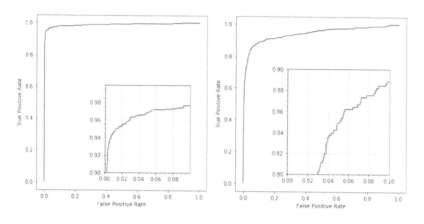

図8.14 **Tomo-e の超新星捜索のための CNN 判別モデルで得られた ROC 曲線**
左：訓練用サンプルと同じように作られた人工データを用いた結果。右：実際の観測
データを用いた結果。(図は冨永望氏提供)

います。さらに、最初の全結合層からの 128 個の出力を、ユニット数 64、活
性化関数 ReLU の 2 つ目の全結合層に入力します。最後に 64 個の出力を全
結合し、シグモイド関数で変換して、最終的な出力を得ます。これら全ての
層のパラメータを合わせると、この CNN モデルの総パラメータ数は 234177
個です。

　用意したデータのうち、超新星 12000 サンプルと偽の星 12000 サンプル
を訓練用、残り 2000 サンプルずつを検証用として、このモデルを最適化し
ます。誤差関数は判別モデルとして標準的な交差エントロピーを用います。
最適化は検証誤差が 10 エポック改善しなければ早期終了します。結果、検
証用サンプルに対して得られた ROC 曲線 (6.2 節参照) が図 8.14 左です。
AUC = 0.9883 のモデルになりました。ここでは本物の超新星サンプルは人
工データでした。この最適化されたモデルを用いて、Tomo-e で実際に観測
された超新星 449 サンプルを分類した結果が、図 8.14 右で、AUC = 0.9432
です。いずれも AUC の値としてはまずまずの判別モデルといえるでしょう。
　このようにして、目で見れば判別できるものの、判別に有効な変数が自明
ではない課題について、CNN で機械判別が実現します。図 8.13 のような、

畳み込み、プーリング、全結合を順に並べた構成は一般的な画像の判別問題でよく使われます。

ただ、Tomo-e の超新星捜索のためにはこれで十分ではありません。Tomo-e の 1 晩の観測で検出されるイベント数は $10^5 \sim 10^6$ ですが、そのうち本物の超新星は 10 個程度と見積もられています。つまり、検出されるイベントのほとんどは図 8.11 右のような偽の星なのです。上述の CNN モデルでは本物の超新星に大量の偽陽性が混入し、適合率 (precision $=$ TP/(TP $+$ FP)、6.2 節参照) はわずか 0.4%にしかなりません。この研究のあと、訓練用データとモデルの改善を行うとともに、訓練用データに含まれる間違ったラベルに対処するために半教師あり学習を取り入れることで、FPR が 1 桁改善されています。[41]

Pythonプログラム

　本文中で紹介した手法のうち代表的なものについて簡単な Python プログラムを載せます。いずれもスクラッチから構築しているのではなく、簡単に使える便利なパッケージを利用しています。import しているパッケージは事前にインストールしてください。各パッケージや関数の詳しい使い方はそれぞれのマニュアルをご覧ください。これらのプログラムは Python 3 系で動くことを 2023 年 3 月時点で確認していますが、パッケージや関数がバージョンアップして仕様が変わったら動かなくなるかもしれません。

A.1　Stan を使った MCMC　(第 4 章)

```python
import numpy as np
## (2022年 10月時点) Jupyter や Google Colaboratory を使う場合
    は以下の 2行が必要です。
# import nest_asyncio
# nest_asyncio.apply()
import stan
import corner

## データは y ～ x + 1.0 + N(0, 1)
N = 10  # データ数
noise = 1.0  # ノイズの大きさ
x = np.linspace(1.0, 10.0, N)
y = 1.0*x + 1.0
y = y + np.random.normal(0.0, noise, N)
```

```
# Stan のモデル
code = """
data {
  int N;
  vector[N] x;
  vector[N] y;
  real sigma;
}
parameters {
  real a;
  real b;
}
model {
  a ~ normal(0,100);
  b ~ normal(0,100);
  for (i in 1:N){
    y[i] ~ normal(b*x[i]+a, sigma);
  }
}
"""
data = {"N":N, "x":x, "y":y, "sigma":noise}  # データを設定
## 以下は PyStan 3系 の例です。PyStan 2系 では動きません。
posterior = stan.build(code, data=data)
fit = posterior.sample(num_chains=10, num_warmup=1000,
    num_samples=1000)
df = fit.to_frame()  # Pandas DataFrame に変換
print(df.describe().T)  # 結果一覧が見られます。
corner.corner(df[['a','b']])  # コーナープロット
```

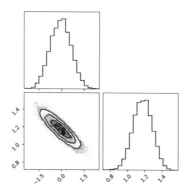

<blockquote>

｜図 A.1｜

</blockquote>

A.2 　線形回帰、リッジ回帰、LASSO 回帰（第１、第５章）

```python
import numpy as np
from sklearn.linear_model import LinearRegression, Lasso,
    Ridge
import matplotlib.pyplot as plt

# y = Xβ を解く。β はスパース。

N = 50   # データ数
M = 100  # 説明変数の数
K = 10   # 非ゼロの係数の数
noise = 0.01   # ノイズの大きさ

beta = np.zeros(M)
beta[np.random.randint(1,M,K)]=np.random.randn(K)
X = np.random.randn(N,M)   # 行列 X の要素は正規乱数
y = X @ beta
y = y + np.random.normal(0.0,noise*np.std(y),N)
```

```
## 通常の線形回帰。N>M なら正常に動きます。
# model = LinearRegression().fit(X,y)
## リッジ回帰
# model = Ridge(alpha=0.01).fit(X,y)
## LASSO 回帰
model = Lasso(alpha=0.01).fit(X,y)

# 真のβ と推定結果をプロット
plt.plot(beta)
plt.plot(model.coef_, marker='.', linestyle='None')
```

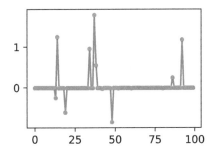

図 A.2

A.3 サポートベクトルマシンによる判別（第6章）

```
import numpy as np
from sklearn import svm
import matplotlib.pyplot as plt

# 2次元正規乱数でデータを作成。
N1 = 30
N2 = 30
d1 = np.random.multivariate_normal([5,1],
```

```
        [[1,0.5],[0.5,1]], N1)
d2 = np.random.multivariate_normal([4,2],
        [[1,0.5],[0.5,1]], N2)
X = np.vstack([d1,d2])
y = np.hstack([np.repeat(0,N1),np.repeat(1,N2)]) # ラベル

# SVM で判別。gamma が RBF カーネルのパラメータ、C が正則化係数。
clf = svm.SVC(kernel='rbf', gamma=0.3, C=0.5).fit(X,y)

# 予測用の特徴量を作って、最適化した判別器で予測。
xx, yy = np.meshgrid(np.linspace(X[:,0].min(), X[:,0].
        max(), 100), np.linspace(X[:,1].min(), X[:,1].max(),
        100))
z = clf.predict(np.c_[xx.ravel(), yy.ravel()])
z = z.reshape(xx.shape)

plt.contourf(xx, yy, z)
plt.scatter(d1[:,0],d1[:,1])
plt.scatter(d2[:,0],d2[:,1])
```

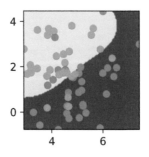

図 A.3

A.4　ガウス過程回帰（第7章）

```python
import numpy as np
import GPy
import matplotlib.pyplot as plt


# データを生成。説明変数 1次元。
x = np.array([1.,3.,4.,6.,9.])
y = np.array([3.,2.,0.5, 0.,1.])
y = y - np.mean(y)   # 平均をゼロに
noise = 0.1   # 測定誤差

# ガウス過程回帰。測定誤差からノイズの分散を固定する。
kernel = GPy.kern.RBF(1)   # RBF カーネル
model = GPy.models.GPRegression(x[:,None], y[:,None],
    kernel)
model.Gaussian_noise.constrain_fixed(noise*noise)
model.optimize()

# 予測用の説明変数を作って、回帰したモデルで予測
x_pred = np.linspace(0,10,100)
y_pred = model.predict_quantiles(x_pred[:,None], quantiles
    =(2.5,50,97.5))

plt.figure(figsize=(3,2))
plt.plot(x_pred,y_pred[1])
plt.scatter(x,y)
plt.fill_between(x_pred, y_pred[0].ravel(), y_pred[2].ravel
    (), alpha=0.5)
```

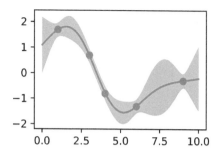

A.5 畳み込みニューラルネットワーク（第 8 章）

```
from keras.models import Sequential
from keras.layers import Input, Dense, Dropout, Flatten,
    Conv2D, MaxPooling2D
from keras.callbacks import EarlyStopping
from keras.datasets import mnist
import numpy as np
import matplotlib.pyplot as plt

# 0, 1 の手書き文字をCNN で判別する。公開データ MNIST を利用。
# MNIST データ読み込み
(x_train, y_train), (x_test, y_test) = mnist.load_data()
# MNIST には 0〜9 まであるが、今回は 0,1のみ使う。
# y が 0,1 なので、そのまま 2値判別の目的変数になります。
idx = np.where(y_train < 2)[0]
x_train, y_train = x_train[idx], y_train[idx]
idx = np.where(y_test < 2)[0]
x_test, y_test = x_test[idx], y_test[idx]

## 画像のサイズを確認したり、サンプルを表示したり。
# print(x_train.shape, x_test.shape)
# plt.imshow(x_train[0])
# print(y_train[0])
```

```python
# NN モデルを構築する。畳み込み層＋最大プーリング、ドロップアウト、
# 全結合、ドロップアウト、出力 (シグモイド関数)
model = Sequential([
    Input(shape=(x_train.shape[1],x_train.shape[2],1)),
    Conv2D(8, (3,3), activation='relu'),
    MaxPooling2D(pool_size=(2, 2)),
    Dropout(0.5),
    Flatten(),
    Dense(16, activation='relu'),
    Dropout(0.5),
    Dense(1, activation='sigmoid')
])
# model.summary()   # モデルの概要を確認できます。

model.compile('adam', 'binary_crossentropy', metrics=['
    accuracy'])
# 最適化を早期終了する条件設定
es = EarlyStopping(monitor='val_accuracy', patience=5)
history = model.fit(x_train, y_train, batch_size=128,
    validation_split=0.2, epochs=500, callbacks=[es])

idx = 0   # test データのインデックス
plt.imshow(x_test[idx])   # テストする画像を表示
## 判別結果
print(model.predict(x_test[idx].reshape(1, 28, 28, 1)))
```

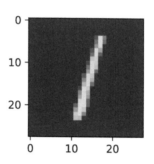

図 **A.5** モデルの予測は「1」。

[1] 岡田真人，五十嵐康彦，中西 (大野) 義典，永田賢二. 「スパースモデリングとデータ駆動科学」. 『電子情報通信学会誌』，99(5):370–375，2016.

[2] Tony Hey, Stewart Tansley, Kristin Tolle, et al. *The Fourth Paradigm: Data-Intensive Scientific Discovery.* Microsoft Research Redmond, WA, 2009.

[3] 汪金芳，桜井裕仁. 『ブートストラップ入門』(R で学ぶデータサイエンス 4). 共立出版，2011.

[4] 松浦健太郎. 『Stan と R でベイズ統計モデリング』(Wonderful R 2). 共立出版，2016.

[5] 伊庭幸人，種村正美，大森裕浩，和合肇，佐藤整尚，高橋明彦. 『計算統計 II——マルコフ連鎖モンテカルロ法とその周辺』(統計科学のフロンティア 12). 岩波書店，2005.

[6] Heikki Haario, Eero Saksman, Johanna Tamminen, et al. An adaptive metropolis algorithm. *Bernoulli*, 7(2):223–242, 2001.

[7] Bob Carpenter, Andrew Gelman, Matthew D. Hoffman, Daniel Lee, Ben Goodrich, Michael Betancourt, Marcus A. Brubaker, Jiqiang Guo, Peter Li, and Allen Riddell. Stan: A probabilistic programming language. *Grantee Submission*, 76(1):1–32, 2017.

[8] Koji Hukushima and Koji Nemoto. Exchange Monte Carlo method and application to spin glass simulations. *Journal of the Physical Society of Japan*, 65(6):1604–1608, 1996.

[9] Ulrich H.E. Hansmann. Parallel tempering algorithm for conformational studies of biological molecules. *Chemical Physics Letters*, 281(1):140–150, 1997.

[10] 福島孝治. 「統計力学におけるモンテカルロ法とその応用」. 『計測と制御』，42(8):655–660，2003.

[11] 永田賢二，岡田真人. 「スパースモデリングによるデータ駆動科学」. 『人工知能』，30(2):209–216，2015.

[12] Koji Hukushima. Domain-wall free energy of spin-glass models: Numerical method and boundary conditions. *Physical Review E*, 60(4):3606, 1999.

[13] Takamitsu Araki and Ikeda Kazushi. Adaptive Markov chain Monte Carlo for auxiliary variable method and its application to parallel tempering. *Neural Networks*, 43:33–40, 2013.

[14] Yurika Yamada, Makoto Uemura, Ryosuke Itoh, Yasushi Fukazawa, Masanori Ohno, and Fumiya Imazato. Variations of the physical parameters of the blazar Mrk 421 based on analysis of the spectral energy distributions. *Publications of the Astronomical Society of Japan*, 72(3):42, 2020.

[15] Masayuki Kano, Hiromichi Nagao, Daichi Ishikawa, Shin-ichi Ito, Shin'ichi

Sakai, Shigeki Nakagawa, Muneo Hori, and Naoshi Hirata. Seismic wavefield imaging based on the replica exchange Monte Carlo method. *Geophysical Journal International*, 208:529–545, 2017a.

[16] Masayuki Kano, Hiromichi Nagao, Kenji Nagata, Shin-ichi Ito, Shin'ichi Sakai, Shigeki Nakagawa, Muneo Hori, and Naoshi Hirata. Seismic wavefield imaging of long-period ground motion in the Tokyo metropolitan area, Japan. *Journal of Geophysical Research: Solid Earth*, 122(7):5435–5451, 2017b.

[17] National Research Institute for Earth Science 防災科学技術研究所, Disaster Resilience (2017/04/01-Present), 東京大学地震研究所, and 神奈川県温泉地学研究所. Nied MeSo-net. https://doi.org/10.17598/NIED.0023.

[18] Event Horizon Telescope Collaboration. First M87 Event Horizon Telescope results. I. The shadow of the supermassive black hole. *Astrophysical Journal Letters*, 875(1):L1, April 2019a.

[19] Bradley Efron, Trevor Hastie, Iain Johnstone, Robert Tibshirani, et al. Least angle regression. *Annals of statistics*, 32(2):407–499, 2004.

[20] Dana Mackenzie. Compressed sensing makes every pixel count. *What's Happening in the Mathematical Sciences*, 7:115–127, 2009.

[21] Michael Elad. *Sparse and Redundant Representations: From Theory to Applications in Signal and Image Processing*. Springer Science & Business Media, 2010.

[22] マイケル・エラド著，玉木徹訳．『スパースモデリング——l_1/l_0 ノルム最小化の基礎理論と画像処理への応用』．共立出版，2016.

[23] Taichi Kato and Makoto Uemura. Period analysis using the least absolute shrinkage and selection operator (lasso). *Publications of the Astronomical Society of Japan*, 64:122, December 2012.

[24] John Southworth, W. Zima, C. Aerts, H. Bruntt, H. Lehmann, S. L. Kim, D. W. Kurtz, K. Pavlovski, A. Prša, B. Smalley, R. L. Gilliland, J. Christensen-Dalsgaard, S. D. Kawaler, H. Kjeldsen, M. T. Cote, P. Tenenbaum, and J. D. Twicken. Kepler photometry of KIC 10661783: A binary star with total eclipses and δ Scuti pulsations. *Monthly Notices of the Royal Astronomical Society*, 414(3):2413–2423, July 2011.

[25] Mareki Honma, Kazunori Akiyama, Makoto Uemura, and Shiro Ikeda. Super-resolution imaging with radio interferometry using sparse modeling. *Publications of the Astronomical Society of Japan*, 66(5):95, October 2014.

[26] Event Horizon Telescope Collaboration. First M87 Event Horizon Telescope results. IV. Imaging the central supermassive black hole. *The Astrophysical Journal Letters*, 875(1):L4, April 2019b.

[27] Yasutaka Fushimi, Koji Fujimoto, Tomohisa Okada, Akira Yamamoto, Toshiyuki Tanaka, Takayuki Kikuchi, Susumu Miyamoto, and Kaori Togashi. Compressed sensing 3-dimensional time-of-flight magnetic resonance angiography for cerebral aneurysms. *Investigative Radiology*, 51(4):228–235, 2016.

[28] Makoto Uemura, Koji S. Kawabata, Shiro Ikeda, and Keiichi Maeda. Variable selection for modeling the absolute magnitude at maximum of Type Ia

supernovae. *Publications of the Astronomical Society of Japan*, 67(3):55, June 2015.

[29] D. Ishihara, H. Kaneda, T. Onaka, Y. Ita, M. Matsuura, and N. Matsunaga. Galactic distributions of carbon- and oxygen-rich AGB stars revealed by the AKARI mid-infrared all-sky survey. *Astronomy & Astrophysics*, 534:A79, October 2011.

[30] Ting-Fan Wu, Chih-Jen Lin, and Ruby C Weng. Probability estimates for multi-class classification by pairwise coupling. *Journal of Machine Learning Research*, 5(Aug):975–1005, 2004.

[31] David J. Hand and Robert J. Till. A simple generalisation of the area under the ROC curve for multiple class classification problems. *Machine Learning*, 45(2):171 186, 2001.

[32] 竹内一郎, 烏山昌幸. 『サポートベクトルマシン』(機械学習プロフェッショナルシリーズ). 講談社, 2015.

[33] Tatsu Kuwatani, Kenji Nagata, Masato Okada, Takahiro Watanabe, Yasumasa Ogawa, Takeshi Komai, and Noriyoshi Tsuchiya. Machine-learning techniques for geochemical discrimination of 2011 Tohoku tsunami deposits. *Scientific Reports*, 4(1):1–6, 2014.

[34] 持橋大地, 大羽成征. 『ガウス過程と機械学習』(機械学習プロフェッショナルシリーズ). 講談社, 2019.

[35] Makoto Uemura, Taisei Abe, Yurika Yamada, and Shiro Ikeda. Feature selection for classification of blazars based on optical photometric and polarimetric time-series data. *Publications of the Astronomical Society of Japan*, 72(5), 07 2020. 74.

[36] Takahiro Nishimichi, Masahiro Takada, Ryuichi Takahashi, Ken Osato, Masato Shirasaki, Taira Oogi, Hironao Miyatake, Masamune Oguri, Ryoma Murata, Yosuke Kobayashi, and Naoki Yoshida. Dark quest. I. Fast and accurate emulation of halo clustering statistics and its application to galaxy clustering. *The Astrophysical Journal*, 884(1):29, October 2019.

[37] Masaru Kamada, Koji Shimoyama, Fumito Sato, Junya Washiashi, and Yasufumi Konishi. Multi-objective design optimization of a high efficiency and low noise blower unit of a car air-conditioner. *Proceedings of the Institution of Mechanical Engineers, Part D: Journal of Automobile Engineering*, 233 (13):3493–3503, 2019.

[38] 岡谷貴之. 『深層学習 改訂第2版』(機械学習プロフェッショナルシリーズ). 講談社, 2022.

[39] Nobuharu Ukita, Hajime Ezawa, Sachiko Onodera, and Masao Saito. Wind-induced pointing errors and surface deformation of a 10-m submillimeter antenna. In Larry M. Stepp, Roberto Gilmozzi, and Helen J. Hall, editors, *Ground-based and Airborne Telescopes III*, volume 7733 of *Society of Photo-Optical Instrumentation Engineers (SPIE) Conference Series*, page 77331D, July 2010.

[40] 浜崎凌. 「Tomo-e Gozen サーベイにおける画像認識を用いた超新星の検出」. 甲南大学修士論文, 2020.

[41] Ichiro Takahashi, Ryo Hamasaki, Naonori Ueda, Masaomi Tanaka, No-

zomu Tominaga, Shigeyuki Sako, Ryou Ohsawa, and Naoki Yoshida. Deep-learning real/bogus classification for the Tomo-e Gozen transient survey. *Publications of the Astronomical Society of Japan*, 74(4):946–960, 2022.

あとがき

　情報系と自然科学系、双方の研究者が参加した研究集会の最後、京都大学情報学研究科の田中利幸教授は次のように話しました。「ここにいる情報系の研究者の皆さん。皆さんは普段、最先端で強力な理論やモデルなどを研究されていると思います。そのような理論やモデルの提案を続けていきさえすれば、自然科学の様々な分野でそれらを必要とする誰かがどんどん使ってくれる、と思うかもしれません。しかし、そんな『誰か』はまずいません。また、自然科学の研究者の皆さん。情報系の研究者は自分の知らない高級なデータ解析手法をいろいろと知っているようなので、手持ちのデータを渡したら何とかしてもらえるんじゃないか、と思うかもしれません。しかし、情報系の理論やモデルは『魔法の杖』ではありません」

　ツールを研究する側と使う側の間にある壁を的確に表現した言葉として、印象に残っています。

　天文学を専門にする私の立場からすると、結局のところ、自然科学系の人間は統計・情報系で研究されている手法を自ら勉強するしかないのだと思います。餅は餅屋、という考え方もあるでしょう。実際、その方がうまくいくケースもたくさんあります。しかし、提案されたモデルが、データの背後にある専門知識と矛盾のないものになっているか、チェックする責任はデータの持ち主にあります。チェックするためには、そのモデルや手法の基本を知っておかないといけません。

　勉強するにしても、基本から最先端まで全て網羅的に勉強できれば最高ですが、少なくとも私には難しいことです。やはり、まずは基本の勉強を優先すべきでしょう。本書はそのためのものですが、かといって、本書が全ての

基本的な手法を網羅しているわけではありません。

　例えば、より基礎からしっかり学びたい人にとって、統計学や最適化理論、および、情報理論の初歩の勉強は有用でしょう。また、本書では教師なし機械学習や次元圧縮などのトピックスにはほとんど触れていません。より広範なトピックスを勉強したい方には

- C. M. ビショップ著、元田浩ほか訳：『パターン認識と機械学習 上・下』、丸善出版 (2012)

がお勧めです。

　また、一般化線形モデルや階層ベイズモデルはその応用範囲の広さに対して、本書では表面をなぞる程度しか触れていません。これらの手法を丁寧に扱った良書としては

- 久保拓弥著：『データ解析のための統計モデリング入門―― 一般化線形モデル・階層ベイズモデル・MCMC』、岩波書店 (2012)

をお勧めします。物理とは異なる分野を想定して書かれた本ですが、分野を問わず重要な、統計モデリングの考え方が丁寧に説明されています。同様のモデリングを扱った、より実践的な内容の本として

- 松浦健太郎著：『Stan と R でベイズ統計モデリング』、共立出版 (2016)

もお勧めです。特定のプログラミング言語や MCMC アルゴリズムの枠を超えて、階層ベイズモデルや状態空間モデルが可能にする様々な具体例が豊富に掲載されている本として貴重です。

　その他、本書の第 5 章以降で紹介した各手法について、より深く学びたい方は、講談社の「機械学習プロフェッショナルシリーズ」が役に立つでしょう。本書でも複数引用しており、「参考文献」に記載されています。

　学ぶべきことがたくさんありすぎるのも気が滅入ります。最初から全てを勉強できなくても、とりあえず 1 つ、お手元のデータに試してみて、初めて目にする結果を楽しむところから出発するのはいかがでしょうか？

謝辞

　本書では私自身が関わった研究の他にも様々な分野の方々の研究を紹介しています。文章の内容確認や図版の提供についてご協力頂いた以下の皆さまに感謝いたします：岡田真人氏、福島孝治氏、伊庭幸人氏、長尾大道氏、加藤太一氏、本間希樹氏、前田啓一氏、伏見育崇氏、藤本晃司氏、桑谷立氏、中岡竜也氏、西道啓博氏、川端弘治氏、下山幸治氏、浮田信治氏、江澤元氏、冨永望氏、酒向重行氏、高橋一郎氏、田中利幸氏。また、私が関わった研究の多くは広島大学の学生との共同研究に基づいています。本書の礎をともに築いてきた以下の元学生たちに感謝します：山本大空氏、神田優花氏、岡本達彦氏、安部太晴氏、山田悠梨香氏、大間々知輝氏。同様に、模擬読者として本書の文章改訂に協力してくれた広島大学の以下の皆さまに感謝します：稲見華恵氏、古賀柚希氏、今澤遼氏、榧木大修氏、佐崎凌佑氏、森下皓暁氏、橋爪大樹氏、大槻真優氏。本書の内容は本来、私の専門分野ではないため、講談社サイエンティフィクの慶山篤氏からお誘いがなければ、自ら書こうとは思わなかったでしょう。また、間違いがないよう慎重に執筆を進めましたが、どうしても自信がない箇所は統計数理研究所の池田思朗氏にご相談させて頂き、貴重なコメントを多数頂きました。両氏に深く感謝いたします。最後に、本書はコロナ禍の中、ほぼ全て自宅で執筆しました。自宅での仕事を快くサポートしてくれた妻に感謝します。

索 引

著者紹介

植村 誠

広島大学宇宙科学センター准教授。1977 年生まれ。2004 年京都大学大学
院理学研究科物理学・宇宙物理学専攻博士課程修了。博士（理学）。2004
年日本学術振興会特別研究員（京都大学）、2005 年広島大学宇宙科学セ
ンター助手、2011 年より現職。主な研究分野は観測天文学。

NDC421　239p　　21cm

物理のためのデータサイエンス入門

2023 年 3 月 29 日　　第 1 刷発行

著　者	植村　誠	
発行者	髙橋明男	
発行所	株式会社　講談社	

〒 112-8001　東京都文京区音羽 2-12-21
　　販売　(03)5395-4415
　　業務　(03)5395-3615

KODANSHA

編　集　株式会社　講談社サイエンティフィク
代表　堀越俊一
〒 162-0825　東京都新宿区神楽坂 2-14　ノービィビル
　　編集　(03)3235-3701

本文データ制作　藤原印刷　株式会社
印刷・製本　株式会社　Ｋ Ｐ Ｓ プロダクツ

ISBN 978-4-06-530993-3